15秒微波發酵

免揉麵包

小餐包・山型吐司・手撕麵包・巧克力捲等
60款小孩大人都喜歡的現烤麵包

風靡日本媽媽圈的手感麵包！
微波爐發酵＋烤箱烘烤，麵包製程大突破，
30分鐘就能完成的現烤美味麵包！

松本有美——著

葉明明——譯

Introduction

顛覆一般麵包法的
「15 秒微波發酵免揉麵包」

　　大家好，我是有美媽咪，平時大多透過部落格和大家分享我的料理。在結婚前我曾經當過輕食麵包店的店長，無論是麵包或咖啡我都很喜歡，所以對我來說是一份很幸福的工作，但也非常辛苦。因為做麵包需要不斷與時間和溫度奮鬥，此外揉麵團也是超乎想像十分吃力的勞動，儘管剛出爐的麵包是如此美味……。

　　有沒有更輕鬆簡單，在家就能品嚐到香噴噴、剛出爐麵包的方法呢？經過積年累月的思考，以及不斷地嘗試與失敗，終於想出顛覆一般做麵包常識的「15 秒微波發酵免揉麵包」。在本書中所介紹的食譜，與一般做麵包的方法並不相同。發酵是利用「微波爐」，揉麵團的步驟則「完全省略」，也因此一般需要花上三小時才能烤好的麵包，烘焙時間可以縮短為「三十分鐘」。

　　為了顧及從來沒有做過麵包的初學者們，我反覆試做了許多遍，從過程中記取大家可能會產生的疑問，打造出無論是誰都能不失敗的食譜。

　　史上最短、最迅速、嶄新、美味、讓我隨時隨地都引以為傲的速成烘焙法（笑），獻給在這之前從來沒有做過麵包的人，還有喜歡做麵包，但太忙抽不出時間來的人，以及無論如何都想品嚐剛出爐麵包的人。

　　請翻開下一頁，先試做一個看看吧，期盼你的家中被剛出爐麵包的幸福香氣滿滿包圍著。

松本有美（有美媽咪）

只需簡單 3 步驟，
30 分鐘就能完成美味的麵包！

step **1**
製作麵團 & 微波爐發酵

step **2**
塑形

4 分

6 分

\ break /

（等待 10 分鐘）

step **3**
烘烤

10 分

Contents

Part **3**

嘗試更多變化！
點心麵包 & 佐餐麵包

本書的注意事項

- 使用微波爐時，時間是以 600W 為基準來標示。若所使用的微波爐並非 600W，請以 700W ➡ 12 秒，500W ➡ 18 秒來加熱，依機種不同會產生一些差異。800W 以上或 200W 以下不適用。
- 使用微波爐時，請依所附說明書的指示選擇可耐高溫的玻璃調理盆和器皿。
- 本書中的烘烤皆使用水波爐。也可使用電烤箱，但不能使用瓦斯烤箱。
- 本書中烘烤時所使用的烤盤內部尺寸為 37cm × 25cm。若所使用的烤盤相較之下小很多時，請分兩次烘烤。
- 水波爐請依各品牌的使用說明書正確使用。
- 使用水波爐時，請正確選擇烘烤模式或燒烤模式。
- 從烤箱中取出成品時，請務必使用耐熱手套，並小心避免燙傷。

15 秒微波發酵
免揉麵包

若依照一般做麵包法，需要
花上 3 小時左右，然而現在
只需要 30 分鐘，就能誕生如
同施了魔法般的麵包，並且
不需要揉麵團，利用微波爐
來發酵更迅速方便。

「15 秒微波發酵免揉麵包」
讓你在忙碌的早晨也能快速
完成，享受香噴噴剛出爐的
現烤麵包。

製作麵包所使用的基本器具

這些都是做麵包所必須的器具。除了一般的西點烘焙材料行之外，
有些器具在百元商店也買得到，可以充分利用喔！

水波爐

讓麵團發酵以及烘烤時使用。
本書所使用的是平板型水波
爐。烤盤內部尺寸如有 37cm
× 25cm 最合適。

測量揉麵板

將麵團延展開來或捏成圓形時
使用。建議選擇有適度重量、具
有安定感的木製產品較為好用。
如果沒有也可以用切菜的砧板
來替代。

電子秤

計算材料時使用。小至 1 克的
重量都能正確測量出來，是製
作麵包的必備工具。

擀麵棍

為了讓麵團延展至相
同的厚度時使用。

湯匙

混合麵團時使用。請
選擇像咖哩飯匙般大
的湯匙。

料理夾 / 長筷

混合甜麵包麵團和披
薩麵團時使用。

烘焙紙

鋪在烤盤上使用。用
來防止麵團沾黏在烤
盤上。

耐熱玻璃調理盆

製作麵團，以微波爐
發酵麵團時使用。本
書所使用的是直徑
25cm 偏厚的玻璃盆。

馬克杯

作為加入牛奶等材料
的容器來使用。因為
需要微波加熱，請選
擇耐熱的製品。

噴霧器

為了防止麵團乾燥而噴
水時使用。需要均勻地
噴灑在麵團表面，請盡
量選擇可以噴出細緻噴
霧的製品。

刮板

用來切割麵團，或將附
著在揉麵板和調理盆內
的麵團刮乾淨。切割麵
團也可使用菜刀，刮除
調理盆內附著的麵團也
可用橡皮刮刀來取代。

廚房剪刀

需要在麵團上剪出切痕時使用。

濾茶網

需要在麵團上撒上砂糖粉等粉末狀的材料時使用。

料理刷

需要在麵團表面塗上蛋液時使用。山羊毛的刷頭十分細軟，能均勻塗抹，方便好用。

基本材料

本書介紹的基本麵包麵團所需材料有以下六項，
可以讓麵團在微波發酵的過程中變得更加美味。

高筋麵粉

製作麵包時，會使用麩質蛋白（蛋白質的一種）含量最多的高筋麵粉。本書所使用的品牌是日清「Kameriya」。請放置在濕氣不會進入、密閉乾燥的容器裡。

砂糖

幫助酵母的運作更活躍，加速麵團發酵，此外，也能讓麵包烤出漂亮的顏色。本書所使用的是上白糖，也可用甜菜糖或三溫糖來代替，但不可使用糖粉。

即溶乾酵母粉

麵包麵團發酵時所必須的一種酵母菌。不需要事先發酵，使用起來十分方便。酵母如果變質會造成麵團無法完全膨脹，保存時需密封，放在冰箱內。即使是些微之差也會影響麵團發酵的速度，用量請務必精準。使用天然酵母的作法會有不同，並不適用於本書所介紹的食譜。

鹽

鹽所扮演的角色決定了麵包的味道，能使麵粉中所含的麩質蛋白更加緊緻，讓麵團口感更紮實有嚼勁，同時具有防止麵團過度發酵的功能。本書所使用的是天然鹽，顆粒較粗的岩鹽或美味鹽均不適用。

牛奶

需要恢復至常溫時再使用。牛奶中所含的糖質會產生焦糖化反應，讓麵包烤出漂亮的顏色，同時增添香氣與風味。本書所使用的是成分無調整的牛奶。雖然也可用低脂肪牛乳或加工乳品來替代，但麵包的風味和蓬鬆感會稍微減低。本書是以 g（公克）為單位，而非 ml（毫升），請使用電子秤來測量。

奶油（含鹽）

能為麵團增添風味和濃郁感。通常製作麵包或甜點時都會使用無鹽奶油，但本書所使用的是含鹽奶油。製作麵團需加入奶油時，先放在耐熱容器內以微波爐（600W）加熱 15 ～ 20 秒使其融化，然後稍微放置一下等變涼後再使用。也可用乳瑪琳來替代。

基本款麵包作法

從麵團製作到烘烤出爐只需要 30 分鐘！
利用微波爐可以讓發酵更迅速。

基本款麵包配方

材料（分量 8 個）

高筋麵粉…200g

A ┌ 砂糖…15g
  │ 鹽…3g
  └ 即溶乾酵母粉…5g

牛奶（常溫）…150g

有鹽奶油…15g

準備工作

☑ 融化奶油
☑ 在烤盤上鋪上烘焙紙

※奶油的融化方式：
在耐熱容器中放入奶油塊，以微波爐
（600W）加熱15〜20秒。

不失敗的祕訣

1. 精準計算材料分量

如果沒有正確計算好分量，很容易造成失敗。千萬不要以目測來決定，一定要使用電子秤確實計量。牛奶請以 g（公克）來計量。

2. 烤箱必須要先預熱

在烘烤麵包前先將烤箱預熱，可避免麵團中的水分過度流失，影響麵包的風味。在塑形後等待的時間裡，先做好預熱工作吧！

3. 維持在一定的室溫

室溫如果太高，麵團會變得黏呼呼的不易塑形。在夏季或氣候炎熱時請用冷氣或風扇來調節室溫。手掌溫度過高時，也有可能會影響製作過程。

4. 使用較大的耐熱玻璃盆

到麵團成形為止的步驟都在調理盆中進行，建議選擇較大、有一點重量的器皿會比較好操作。此外，耐熱玻璃盆有一定的厚度，也可預防加熱不均。

5. 撒上手粉

將麵團塑形時，要先撒一些手粉才不會沾黏。請將手粉均勻地撒在揉麵板上，避免粉末成塊。書中統稱「手粉」，可依食譜裡所列的高筋麵粉或片栗粉（日式太白粉）選擇使用。

step
1

∨

製作麵團 & 微波爐發酵

所需時間

4分

在耐熱調理盆中放入高筋麵粉，用湯匙在中間挖一個洞，依照材料 A 的順序分別加入材料，最後倒入牛奶。

邊轉動調理盆邊用湯匙將材料大致混合均勻，直到成為跟照片上同樣的狀態。

加入融化奶油，再次以湯匙攪拌均勻。如同
照片一般，讓麵團與材料充分融合。

會變成這個
樣子喔！

在調理盆中揉合麵團約 **2 分鐘**，最後揉合成
一塊。從調理盆的側面將麵團按壓推開，接
著變換麵團的方向再次按壓推開，規律性
地重複上述兩個動作。使用指腹按壓而不
是手掌。

在調理盆上方蓬鬆地覆蓋上保鮮膜（留下
大約兩處空隙），使用微波爐（600W）加
熱 **15 秒**。

麵團完成！

取出調理盆，用手在盆中揉合麵團 **15 秒**。
此時麵團中心是溫熱狀態的，如同要將熱
擴散至整個麵團般揉捏。接著再重複步驟
5 ～ **6**，最後將麵團揉合成一塊。

step
2

∨

塑形

所需時間
6分

\ 手粉要
薄透均勻 /

在揉麵板上撒上薄薄一層高筋麵粉。取出麵團，拉長四個角，以掌心輕輕按壓延展開來。接下來的步驟中如果感覺麵團有沾黏，就在手上和揉麵板上撒一些手粉。

※之後皆統稱「手粉」

用擀麵棍將麵團延展成 10 × 20cm。並非從一邊推往另一邊，而是從中心往兩邊按壓延伸，最後再來調整邊緣的厚度。

用刮刀將麵團切割成左右兩等分，上下四
等分，合計 8 等分。

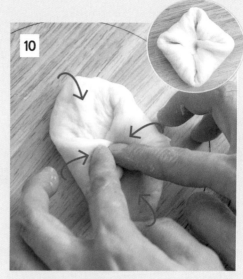

將切割好的麵團四個角分別往正中央折
入，按壓中心點使其固定。

要緊緊
抓好

接著將四個角往正中央折入，如同再一次
將麵團聚攏在中心點般，將中心點捏緊黏
合。為了避免在烘烤過程中麵團會裂開，一
定要確實捏緊黏合（統稱「收口」）。

將麵團收口朝下放置在揉麵板上，用掌心
以畫圓的方式滾動，使麵團變成圓形。

step

3

∨

烘烤

所需時間

20分

（10分鐘為等待時間）

13

在鋪了烘焙紙的烤盤上方，放上8個麵團。為了避免受熱不均勻，麵團要如同照片般彼此保留一些間距排列。

14

在噴霧器中加水，將所有麵團表面噴濕，靜候10分鐘。在等待的時間裡可以先將烤箱預熱至220℃。

15

放入220℃的烤箱烘烤10分鐘。

※如果家中是轉盤型烤箱，無法一次放入全部麵團時，請參考p.41的Q32。

▼

＼ 完成囉！ ＼

\ 請一定要記起來 /

讓麵團乖乖聽話的訣竅

1. 揉麵團的速度要快

揉麵團的過程中盡可能動作要快,是做出美味麵包的祕訣。長時間觸碰麵團會導致二氧化碳不斷產生,使麵團失去彈性,或擠出過多的二氧化碳,讓麵團難以塑形。如果出現這些情形,請先將麵團再次聚攏,覆蓋上用水沾濕後擰乾的紗布,靜置 5 ～ 10 分鐘後麵團就會變穩定,也比較容易塑形。

2. 避免加入過量手粉

如果花上許多時間不斷反覆塑形,相對的也會使用很多手粉。麵團若混入過量的手粉,會導致麵團變硬,同時也會影響出爐後的口感。還不是很上手時,建議將塑形的順序先在腦海中跑過一遍,掌握整個流程後再開始進行吧。

3. 避免過度發酵

本書所介紹的麵包會比普通麵包發酵速度更快,如果塑形時花費太多時間,或是在進烤箱前放置了比食譜標示更長的時間,就很有可能導致「過度發酵」。過度發酵的麵團會產生酵母的酸臭味,或是出現氣泡,出爐後麵包體積變小等,所以請務必在 30 分鐘內完成全部作業。

關於麵團的切割比例

基本款麵包通常是將長方形的麵團切割成 8 等分,
在此也介紹幾個書中有出現的麵團切割方式。

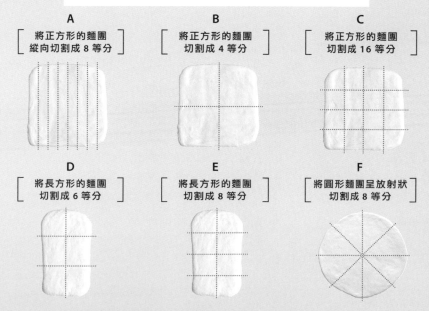

基本款麵團的變化 ①
在麵團中混入材料

只要在基本款麵包麵團中，加入不同材料，
輕輕鬆鬆就能做出增添風味的變化款麵包。

• arrange 1
葡萄乾麵包

最基本的葡萄乾麵包，步
驟也超簡單。加入了葡萄
乾的麵團，烤出來有著豐
潤的口感。

材料（分量 8 個）

基本款麵團（p.13）…全量
葡萄乾（蘭姆酒漬）…60g

作法

① 重複基本款麵包的製作
步驟 1～6（p.14、15）。

② 在麵團中加入葡萄
乾，用手徹底攪拌均
勻，揉合成一塊。

③ 重複基本款麵包的步驟
7～15（p.16～18）。

• arrange 2
黑芝麻麵包

一粒粒小巧的黑芝麻十分
可愛！要盡量讓芝麻顆粒
均勻地撒入麵團中。充分
揉合是訣竅。

材料（分量 8 個）

基本款麵團（p.13）…全量
炒過的黑芝麻…2 大茶匙

作法

① 重複基本款麵包的製作
步驟 1～6（p.14、15）。

② 在麵團中加入炒過的
黑芝麻，用手徹底攪
拌均勻，揉合成一塊。

③ 重複基本款麵包的步驟
7～15（p.16～18）。

• arrange 3
咖哩麵包

散發著淡淡的咖哩香，咖
哩風味的圓麵包。也可當
作配菜麵包的基底，完成
後更加美味可口。

材料（分量 8 個）

基本款麵團（p.13）…全量
咖哩粉…1 大茶匙

作法

① 在高筋麵粉中混入咖
哩粉。

② 重複基本款麵包的步驟
1～15（p.14～18）。

+葡萄乾

+黑芝麻

+咖哩粉

＋玉米濃湯風味

＋核桃

＋巧克力豆

• arrange 4

玉米濃湯麵包

玉米濃湯的風味，原汁原味鎖在麵包裡！香濃的味道很受小朋友喜愛。

材料（分量 8 個）

基本款麵團（p.13）…全量
玉米濃湯調味包（顆粒狀）…1 包

作法

① 在足量的高筋麵粉中混入玉米濃湯調味包。

② 重複基本款麵包的製作步驟 1 ～ 15（p.14～18）。

• arrange 5

核桃麵包

為了享受核桃的香脆口感，刻意切大塊一些。很適合搭配沙拉和湯品的麵包。

材料（分量 8 個）

基本款麵團（p.13）…全量
核桃（烤過，切塊）…30g

作法

① 重複基本款麵包的製作步驟 1 ～ 6（p.14、15）。

② 在麵團中加入切塊的核桃，用手徹底攪拌均勻，揉合成一塊。

③ 重複基本款麵包的製作步驟 7 ～ 15（p.16～18）。

• arrange 6

巧克力豆麵包

加入了巧克力豆的麵包。滿滿的巧克力，大口咬下笑顏逐開！

材料（分量 8 個）

基本款麵團（p.13）…全量
巧克力豆（西點烘焙用）…50g

作法

① 重複基本款麵包的製作步驟 1 ～ 6（p.14、15）。

② 在麵團中加入巧克力豆，用手徹底攪拌均勻，揉合成一塊。

③ 重複基本款麵包的製作步驟 7 ～ 15（p.16～18）。

基本款麵團的變化 ②

改變麵團的成分

學會基本款的麵包做法之後，就可以開始挑戰改變
麵團成分的麵包了，變化出更多不同的口味。

• arrange 1

甜麵包麵團

在基本款的麵包麵團裡,增加砂糖和奶油的分量,再打個蛋進去,就完成了口感濃郁的甜麵包麵團。適度的甜味直接享用就很好吃,也可以再加入其他食材延伸變化。

材料 (分量 8 個)

A ⌈ 高筋麵粉⋯150g
　 ⌊ 低筋麵粉⋯ 50g

B ⌈ 砂糖⋯30g
　 │ 鹽⋯ 3g
　 ⌊ 即溶乾酵母粉⋯5g

C ⌈ 牛奶 (常溫)⋯140g
　 ⌊ 蛋黃 (M)⋯1 個

有鹽奶油⋯30g

準備工作

☑ 融化奶油
☑ 在烤盤上鋪上烘焙紙

a

單手握著筷子,用力將麵團攪拌均勻就可以了。

作法

① 在耐熱調理盆中倒入材料 **A** 混合均勻,然後用湯匙在中央挖一個凹洞。

② 在凹洞裡將材料 **B** 依序倒入,再加入充分混合好的材料 **C**,用湯匙大致攪拌一下。

③ 加入融化奶油,改用筷子攪拌 1 分鐘 (圖片 a)。

④ 在調理盆上方包覆保鮮膜,用微波爐 (600W) 加熱 15 秒。之後將調理盆取出,用筷子攪拌 15 秒。接著再重複一次這個步驟,最後將麵團揉合成一塊。

⑤ 在揉麵板上撒上薄薄一層手粉 (高筋麵粉,適量),取出麵團,拉長四個角,以掌心輕輕按壓延展開來。接下來使用**擀麵棍**將麵團延展成 10 × 20cm。再切割成左右兩等分、上下四等分,合計 8 等分。

⑥ 將切割好的麵團四個角分別往正中央折入,按壓中心點使其固定。接著再將四個角往正中央折進去,如同再一次將麵團聚攏在中心點般,抓緊中心點黏合收口。

⑦ 將麵團收口朝下放置在揉麵板上,用掌心以畫圓的方式滾動,使麵團變成圓形。

⑧ 將塑形後的麵團放在烤盤上,用噴霧器將表面噴濕,靜候 10 分鐘。在等待的時間裡請先將烤箱預熱至 220℃。

⑨ 放入烤箱,以 220℃ 烘烤 10 分鐘。

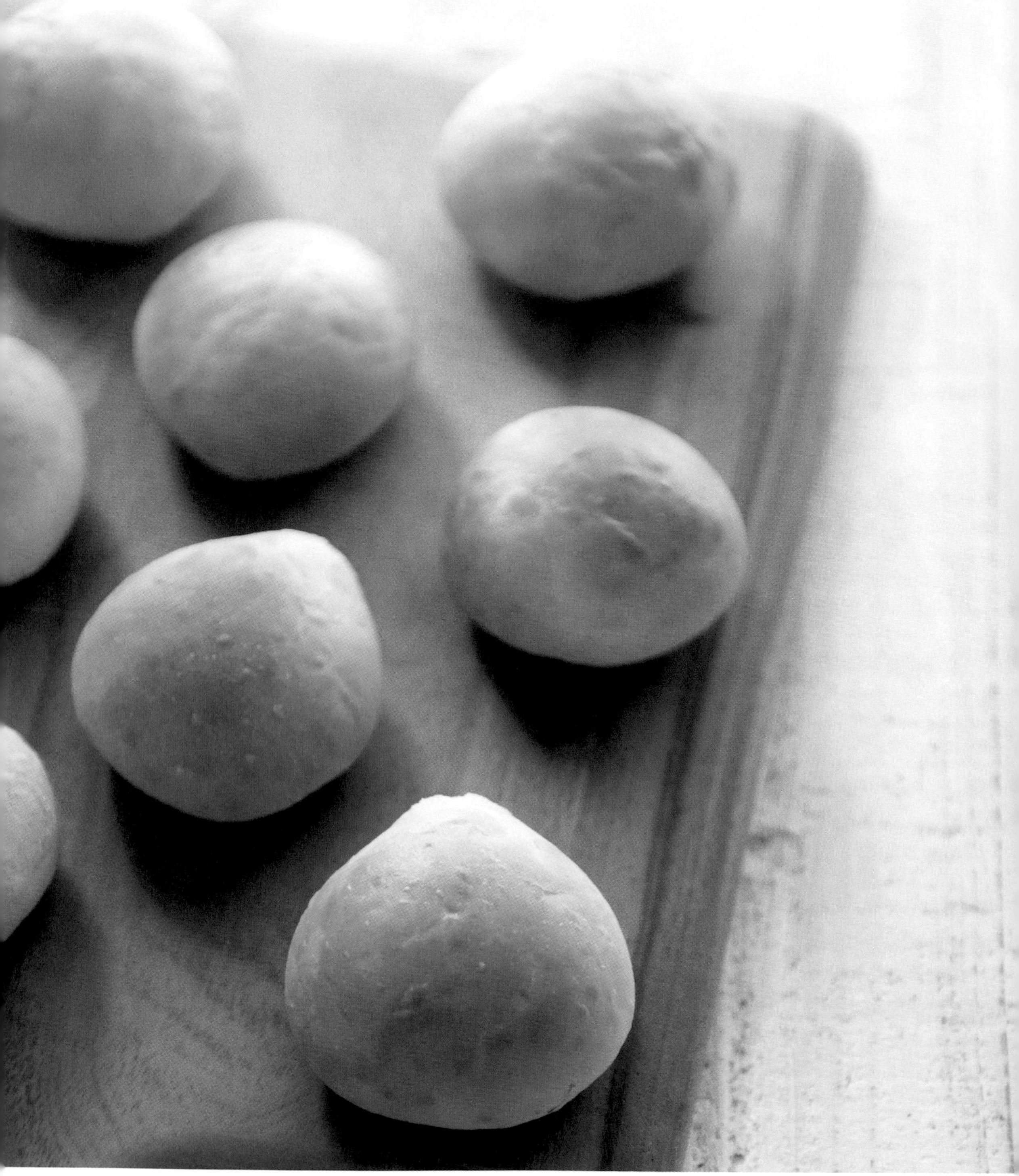

• *arrange 2*

披薩麵團

比基本款麵包味道更爽口的披薩麵團。也可作為披薩類的麵包或義大利披薩餃的基底。

材料（分量 8 個）

A ┌ 高筋麵粉…160g
　└ 低筋麵粉…40g

B ┌ 鹽…4g
　└ 即溶乾酵母粉…5g

C ┌ 牛奶（常溫）…110g
　│ 原味優酪乳（無糖，常溫）…50g
　└ 蜂蜜…10g

橄欖油（或沙拉油）…10g
蛋液…適量（塗抹表面）

準備工作

☑ 在烤盤上鋪上烘焙紙

a

單手握著筷子，用力將麵團攪拌均勻就可以了。

作法

① 在耐熱調理盆中倒入材料 **A** 混合均勻，然後用湯匙在中央挖一個凹洞。

② 在凹洞裡將材料 **B** 依序倒入，再加入充分混合好的材料 **C**，用湯匙大致攪拌一下。

③ 加入橄欖油，改用筷子攪拌 1 分鐘（圖片 a）。

④ 在調理盆上方包覆保鮮膜，用微波爐（600W）加熱 15 秒。之後將調理盆取出，用筷子攪拌 15 秒。接著再重複一次這個步驟，最後將麵團揉合成一塊。

⑤ 在揉麵板上撒上薄薄一層手粉（高筋麵粉，適量），取出麵團，拉長四個角，以掌心輕輕按壓延展開來。接下來使用擀麵棍將麵團延展成 10 × 20cm。再切割成左右兩等分、上下四等分，合計 8 等分。

⑥ 將切割好的麵團四個角分別往正中央折進去，按壓中心點使其固定。接著再將四個角往正中央折入，如同再一次將麵團聚攏在中心點般，抓緊中心點黏合收口。

⑦ 將麵團收口朝下放置在揉麵板上，用掌心以畫圓的方式滾動，使麵團變成圓形。

⑧ 將塑形後的麵團放在烤盤上，用噴霧器將表面噴濕，靜候 10 分鐘。在等待的時間裡請先將烤箱預熱至 230℃。

⑨ 用料理刷在麵團表面塗上蛋液，放入 230℃ 的烤箱，烘烤 10 分鐘。

• *arrange* 3

全麥麵包麵團

添加了全麥麵粉的麵團，濃郁的味道是魅力所在。注重營養均衡的人也超愛。也可作為 p.65 介紹的吐司基底，麵團所使用的水只要有過濾就 OK。

材料（分量 8 個）

A ┌ 高筋麵粉…140g
　└ 全麥麵粉…60g

B ┌ 鹽…3g
　└ 即溶乾酵母粉…5g

C ┌ 水（常溫）…150g
　└ 蜂蜜…10g

有鹽奶油…15g
蛋液…適量（塗抹表面）

準備工作

☑ 融化奶油
☑ 在烤盤上鋪上烘焙紙

作法

① 在耐熱調理盆中倒入材料 **A** 混合均勻，用湯匙在中央挖一個凹洞。

② 在凹洞裡將材料 **B** 依序倒入，再加入充分混合好的材料 **C**，用湯匙大致攪拌一下。

③ 加入融化奶油，用湯匙大致攪拌一下。

④ 在調理盆中用手攪拌 2 分鐘。

⑤ 在調理盆上方包覆保鮮膜，用微波爐（600W）加熱 15 秒。之後將調理盆取出，用手攪拌 15 秒。接著再重複一次這個步驟，最後將麵團揉合成一塊。

⑥ 在揉麵板上撒上薄薄一層手粉（高筋麵粉，適量），取出麵團，拉長四個角，以掌心輕輕按壓延展開來。接下來使用擀麵棍將麵團延展成 10 × 20cm。再切割成左右兩等分、上下四等分，合計 8 等分。

⑦ 將切割好的麵團四個角分別往正中央折入，按壓中心點使其固定。接著再將四個角往正中央折進去，如同再一次將麵團聚攏在中心點般，抓緊中心點黏合收口。

⑧ 將麵團收口朝下放置在揉麵板上，用掌心以畫圓的方式滾動，使麵團變成圓形。

⑨ 將塑形後的麵團放在烤盤上，用噴霧器將表面噴濕，靜候 10 分鐘。在等待的時間裡請先將烤箱預熱至 230℃。

⑩ 用料理刷在麵團表面塗上蛋液，放入烤箱，以 230℃ 烘烤 10 分鐘。

• arrange 4

米麵包麵團

無麩質蛋白的米麵包，非常適合
對小麥過敏的孩子們。Q 彈的口
感就像是烤包子，不過要留意冷
卻後會變硬喔！

材料（分量 8 個）

A ┌ 米穀粉… 200g
  └ 片栗粉（日式太白粉）… 20g

B ┌ 砂糖…10g
  │ 鹽…4g
  └ 即溶乾酵母粉…6g
水（常溫，軟水）…150g
沙拉油… 10g
沙拉油（塗抹用）…適量

a

烤過後表面酥酥脆
脆，裡面鬆軟 Q 彈。
自然的焦糖色澤令
人食指大動。

作法

① 在耐熱調理盆中倒入材料 **A** 混合均勻，用
  湯匙在中央挖一個凹洞。

② 在凹洞裡將材料 **B** 依序倒入，再注入常溫
  水，用湯匙大致攪拌一下。

③ 加入沙拉油，在調理盆中用手攪拌 1 分鐘。

④ 在調理盆上方包覆保鮮膜，用微波爐
  （600W）加熱 15 秒。之後將調理盆取出，
  用手攪拌 15 秒。接著再重複一次這個步
  驟，最後將麵團揉合成一塊。

⑤ 在揉麵板上撒上薄薄一層手粉（片栗粉，
  適量），取出麵團，拉長四個角，以掌心
  輕輕按壓延展開來。接下來使用擀麵棍將
  麵團延展成 10 × 20cm。再切割成左右兩
  等分、上下四等分，合計 8 等分。

⑥ 將切割好的麵團四個角分別往正中央折入，
  按壓中心點使其固定。接著再將四個角往
  正中央折進去，如同再一次將麵團聚攏在
  中心點般，抓緊中心點黏合收口。

⑦ 將麵團收口朝下放置在揉麵板上，用掌心
  以畫圓的方式滾動，使麵團變成圓形。

⑧ 在直徑 27cm 的平底鍋裡塗上沙拉油，再將
  麵團放入。用料理刷在表面塗上沙拉油，
  不需要噴濕靜候 10 分鐘。

⑨ 將平底鍋以中火加熱，蓋上鍋蓋，一面各
  烤 4 分鐘（圖片 a）。

遇到困難時就立即參考

微波發酵免揉麵包 Q&A

本書所介紹的食譜，特別調整為適合用微波爐發酵的材料，
同時也集結了部落格裡讀者們所提出的疑問和失敗的經驗。

about
材料

Q1 高筋麵粉可以用低筋麵粉來替代嗎？

A 不可以。想要烤出鬆軟可口的麵包，和麵粉中所含的澱粉、蛋白質有很大的關係。然而低筋麵粉與高筋麵粉相較之下，這些成分都很少，無法形成能讓麵團具有延展性的「麩質蛋白」，麵團也就不容易膨脹起來。因此，並不建議使用低筋麵粉來做麵包。請務必遵守食譜中所指定的材料喔！

Q2 牛奶可以用低脂牛奶或豆奶來替代嗎？

A 可以，但是麵團的狀態（會比普通再軟一點）和味道會有所改變。請選擇包裝上標示脂肪成分較高的，效果會比較好。

Q3　牛奶可以用水來替代嗎？

A 可以。不過請使用軟水（自來水或是經過淨水器過濾的也 OK）。硬水所含的礦物成分較多，不適用於本書所介紹的食譜。

Q4　所謂常溫是指幾度左右呢？

A 本書中材料的常溫是指 23 ～ 25℃，也就是觸摸麵團時，會有冰冰涼涼的感覺。在本書這是非常重要的一點，看到材料旁標註「常溫」時，務必要回復到常溫後再使用。此外，室溫請維持在 25℃上下。

Q5　乾酵母粉可以用泡打粉來替代嗎？

A 不可以。本書所介紹的麵包若使用泡打粉會無法發酵。

Q6　我很在意鹽分的攝取，
　　　如果不加鹽也 OK 嗎？

A 不可以。在製作麵包的過程中，鹽擔任著抑制酵母活動，避免急速發酵，以及讓麵團變得更蓬鬆有彈性的角色，並且也關係著麵包整體的風味。沒有加鹽的麵包會讓人覺得食而無味，好像少了什麼，所以請一定要加鹽。

Q7 　奶油可以用乳瑪琳來替代嗎？

A 奶油和乳瑪琳，會使麵包的風味截然不同。本書建議使用奶油，可以讓味道更加濃郁豐厚。如果使用相同的分量，是可以取代的。

about

麵團製作

Q8 　所謂「按壓攪拌」 到底是什麼呢？

A 通常製作麵包時，會將麵團在揉麵板上反覆敲打，再花費許多力氣去揉捏。但本書中只需在調理盆中製作麵團即可。巧妙地使用手指而不是掌心，不時將麵團推至調理盆的底部，再來回按壓均勻。

Q9 　麵團會黏在手上很難塑形， 這樣算是失敗嗎？

A 不算是失敗。起初雖然會黏手，但開始加入材料後漸漸就變得很好塑形，等到微波發酵完成，就不容易再沾黏了。此外，濕度和室溫太高，長時間碰觸麵團，或手溫太高的人，也會導致麵團塌軟。真的很在意的話，建議多使用一點手粉。也可參考 p.36 的 Q16 解說。

Q10 　麵團要以什麼樣的速度來 攪拌比較好呢？

A 利用兩分鐘的時間充分攪拌均勻。如同配合時鐘的秒針一樣的節奏，快速地攪拌。

Q11 靜置 10 分鐘後，麵團沒有像做一般麵包一樣膨脹成兩倍，還是可以拿去烤嗎？

A 可以的。經由微波加熱而發酵的麵團，正處於受刺激的狀態中，只要透過烤箱或平底鍋高溫加熱，就會一鼓作氣膨脹起來。

Q12 在本書的食譜中沒有提到醒麵的時間，這樣沒有關係嗎？

A 沒關係。一般來說製作麵包時都需要有醒麵的時間，但本書所介紹的麵包完全不需要。話雖如此，如果麵團無法好好塑形，無論如何必須重做時，可以將麵團再次揉合成一塊，覆蓋上用水噴濕後擰乾的紗布靜置 5 ～ 10 分鐘，然後再重新開始作業。

※所謂醒麵，是指讓受到破壞的麵團稍作休息，之後比較容易塑形的作業。

Q13 配方改成一半的分量，或者做兩倍的分量也可以嗎？

A 使用微波爐加熱時很容易受熱不均，所以**絕對不可以**。

Q14 麵團一定要用刮板或菜刀來切割嗎？可不可以像年糕一樣用手撕呢？

A 不可以。麵團是粉末與粉末的相互結合，如果硬性扯斷會使麵團受傷，不容易膨脹。若切割得太零碎也會對麵團造成負擔，所以本書所介紹的盡可能都是簡單的切割法，不需要一塊塊秤重後再切割的原因也是如此。即使大小略有差異，也不致於出現極端的受熱不均，請大家放心。

Q15 麵團會沾黏、沒辦法好好塑形，有什麼訣竅嗎？

A 麵團會黏黏地沾黏在手上時，請先停止作業把雙手洗乾淨，等手部徹底乾燥之後再開始。塑形的重點在於，盡可能在短時間內完成。如果花的時間太長，手粉會吸收濕氣，變得更容易沾黏。無論如何都無法克服時，不妨試著將混入麵團中牛奶的量減少10g，等習慣後再調整到正常的用量。也可參考 p.34 的 Q9 說明。

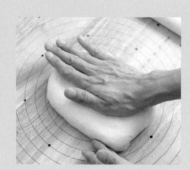

Q16 手粉最多可以使用多少呢？

A 請盡量使用最少限度。如果手粉越用越多，麵團就會變得越來越硬。覺得塑形很困難的人，與其增加手粉的用量，不如跟 Q15 一樣先將混入麵團中牛奶的量減少 10g。

Q17 要將圓圓的麵團拉成四角形，有什麼訣竅嗎？

A 將麵團從揉麵板上拿起來時，輕輕提起要成為四角的部分，慢慢地拉長延展開來，等到差不多成為四角形之後再使用擀麵棍來滾壓。

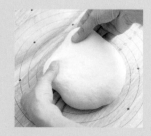

Q18 為什麼麵團會沾黏在擀麵棍上，無法好好延展？

A 擀麵棍必須表面光滑，同時徹底乾燥。請選擇表面有妥善經過加工處理，摸起來不會很粗糙的製品。此外，在延展麵團之前，擀麵棍也要先撒上薄薄一層手粉會比較好。

Q19 用擀麵棍均勻延展麵團的祕訣是什麼？

A 在撒了手粉的揉麵板上放上一整塊的麵團，然後在麵團整體表面撒上薄薄一層手粉。接下來，如同砰砰敲打般有節奏的將麵團按壓延展開來。請注意不可以強行用手將麵團拉長，這樣麵團很容易斷掉黏在揉麵板上。之後，手握擀麵棍的兩端，雙手平均施力將麵團從中央往前後延伸。麵團的兩端用擀麵棍推過之後，會比中央部分還要薄，所以兩端最後再做調整即可。

Q20 切割麵團時需要仔細秤重嗎？出爐後會有很大的差異嗎？

A 只要麵團的大小差距不大，就不會產生很大的影響。本書所介紹的麵團切割方式不是用重量來決定，而是以大小（尺寸）來作為基準。

Q21　「收口」是什麼意思？
為什麼收口朝下的塑形比較多？

A 所謂「收口」，是指塑形時要將麵團黏合起來的部分，也就是將麵團和麵團的邊黏著在一起的意思。如果收口沒有完全黏合，烘烤時麵團就會膨脹裂開，所以請像照片一樣要仔細捏緊黏合。特別是收口不能朝下的麵團，更要捏緊。

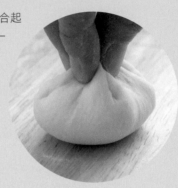

Q22　收口無法黏合怎麼辦？

A 如果遇到鮮奶油和奶油等油脂成分，麵團會變得比較容易沾黏，所以請留意不要將鮮奶油和奶油塗抹到麵團的兩端。此外，若手粉撒太多也會產生同樣的問題，這時請用少量的水沾濕後再重新黏合一次。

Q23　塑形失敗很不好看，可以重做嗎？

A 雖然可以重做，但麵團的狀態和味道會有所改變。想要重新塑形時，先用掌心敲打麵團幫助麵團裡的二氧化碳排出，然後重新將麵團揉合成一塊，覆蓋上以水沾濕擰乾的紗布，靜置 5～10 分鐘（醒麵）。

Q24 麵包烤好卻沒有上色,該怎麼辦才好呢?

A 這時**再烤三分鐘**試試看。此外,也請確認一下未上色的原因是否在下列幾項中:烤箱有事先預熱嗎?是否忘了加砂糖?如果忘了加,就會上色不均。如果是需要在麵團表面塗上蛋液的食譜,是否忘了塗抹呢?烤箱中烤盤的內部尺寸是否比 37×25cm 小很多呢?烤箱會不會太老舊了呢?

Q25 我沒有烤箱,可以使用烤吐司機嗎?

A 若使用烤吐司機受熱不均的問題更大,所以不建議。

Q26 麵團受熱不均,是烤箱壞了嗎?

A 每一種烤箱都有不同的特性。不妨試著將烤盤上麵團的位置稍微調整一下,或是先烤個 6 分鐘左右,再將烤盤的位置前後替換再烤,應該會有改善。

依烤箱的品牌種類不同多少會有差別,但持續使用超過 5 年以上,烤箱內的溫度通常會比所設定的溫度還要低,所以設定時請提高 10℃ 左右。此外,放入麵團時為了避免烤箱內溫度下降,要盡可能迅速進行。

烘烤時間也會依烤箱不同而產生差異,所以食譜上雖然設定為 10 分鐘,多 2 分鐘或少 2 分鐘也是 OK 的。只不過,如果烘烤時間過長,麵包很容易變得又乾又硬,請特別留意!

Q27　麵團沒有發酵膨脹的很漂亮，是什麼原因呢？

A 　酵母粉是不是放太久了呢？有充分混合酵母粉嗎？微波加熱的時間是不是弄錯了呢？融化的奶油是不是還沒放涼就加進去了呢？所有的材料都放進去了嗎？烤箱有先預熱嗎？麵團有充分攪拌均勻嗎？塑形時是不是反覆重新做了好幾遍呢？如果中途才發現失誤也來不及了，請下次仔細確認每一個細節，朝成功目標前進。

Q28　麵團沒有烤熟，是什麼原因呢？

A 有可能是因為麵團沒有攪拌均勻，微波加熱時受熱不均，導致發酵不完全。微波加熱後的麵團，應該會呈現微溫的狀態。必須將麵團充分攪拌均勻，才可以讓熱能傳導至麵團整體，所以請確認看看麵團是否帶有微溫。此外，烤箱預熱不夠或室溫太低，也有可能造成影響。

Q29　烘烤時麵團有膨起，但從烤箱拿出來後卻回縮了。

A 這是麵團過度發酵所呈現的狀態。很有可能是因為塑形時花費了太多時間而引起的，所以下回請務必遵守食譜所設定的時間來進行。此外，微波加熱時受熱不均導致麵團過熱，或酵母粉用量過多，材料溫度過高（牛奶或融化的奶油等），室溫過高等也都會造成影響。

Q30 烘烤時麵團裂開了，
有什麼地方做錯了嗎？

A 麵團收口沒有朝下（依塑形不同，有些麵包不需要將收口朝下），或沒有仔細捏緊黏合都可能是原因之一。

Q31 食譜中有提到塗上蛋液再烤，
可以用其他材料來替代嗎？

A 本書介紹的麵團使用的砂糖分量較少、不太容易上色，所以藉由塗抹蛋液來烤出漂亮的色澤。此外，蛋液能發揮薄膜般的效果，防止麵團中的水分流失，烤出鬆軟可口的麵包。雖然牛奶和沙拉油也可取代蛋液，但烤出來的風味和口感還是會有所差異。

Q32 水波爐比較小，沒辦法一次放入食譜中所
列麵包的分量。

A 本書是使用一個內部尺寸37×25cm的烤盤來烘烤的，如果你所使用的水波爐或烤盤比這個尺寸小很多，請分成兩次來烤。

分成兩次時，塑形完成的麵團一次只要放一半的分量在烘焙紙上。將麵團用水噴濕後，一半先放入冰箱內冷藏，另一半在常溫下放置10分鐘，再將常溫的麵團放進烤箱烘烤。

從冰箱內拿出來的麵團，烘烤時間要比食譜上所設定的多3～5分鐘。此外，如果一次使用兩個較小的烤盤來烘烤時，烘烤時間也要比食譜上再多增加5分鐘。

各種不同塑形法的
「微波發酵免揉麵包」

即使是同樣的麵團,也可因塑形方法不同,而改變麵包的外觀、口感和風味。在這裡特別為大家介紹連初學者都能輕鬆勝任的麵團塑形方法。如果你已經熟悉基本款麵包的製作,請一定要挑戰看看喔!

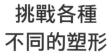
挑戰各種
不同的塑形

—

從最基本的「圓形」開始更
進一步，嘗試做出各種不同
形狀的麵包吧。

〔捲繞〕
肉桂捲

將融化的奶油和白砂糖捲進麵團裡，打造出濕潤的口感。
這個配方並不會太甜，愛吃甜食的人可以增加白砂糖和
糖霜的用量。

材料（分量8個）

甜麵包麵團（p.25）…總量
奶油…20g
白砂糖…2大匙
肉桂粉…1大匙
蛋液…適量
A ⎡ 糖粉…3大匙
⎣ 水（常溫）…1小匙

準備工作

☑ 融化麵包麵團用的奶油
☑ 融化塑形用的奶油
☑ 在烤盤上鋪上烘焙紙

作法

① 製作甜麵包的麵團。進行到步驟 4（p.25）之後，將麵團放在撒了手粉（高筋麵粉，適量）的揉麵板上，以擀麵棍延展成 20×20cm。

② 留下麵團內側約 2 公分，以料理刷塗上融化奶油。接著撒上白砂糖，再用濾茶網撒上肉桂粉。

③ 將麵團從自己面前開始捲起（圖 a），捲好後把邊緣捏緊黏合（圖 b）。然後將菜刀以水沾濕，把麵團切割成 8 等分（圖 c）。

④ 將麵團切口朝上擺放在烤盤上（圖 d），以噴霧器噴濕後靜置 10 分鐘。烤箱先預熱至 220℃。

⑤ 在麵團表面以料理刷塗上蛋液，放入 220℃ 的烤箱中烘烤 10 分鐘。出爐後先等麵包稍微放涼冷卻，再依個人喜好在表面用湯匙淋上調合了材料 **A** 的糖霜（圖 e），放置一段時間等糖霜凝固。糖霜可依個人喜好增減。

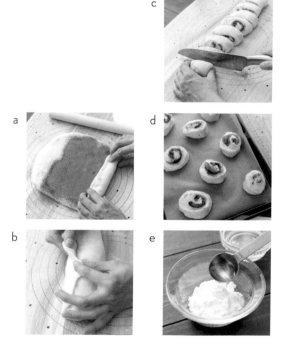

〔 包裹 〕

楓糖奶油麵包

一經烘烤奶油就融化出來，底部呈現如同香煎過的狀態。
由於中間是一個空洞，注入發泡鮮奶油也十分美味喔。

材料（分量 8 個）

基本款麵包麵團（p.13）…全量
楓糖漿…4 大匙
有鹽奶油…80g

準備工作

- ☑ 融化麵包麵團用的奶油
- ☑ 塑形用的奶油每塊 10g，切成 8 個先冷藏
- ☑ 在烤盤上鋪上烘焙紙

作法

① 製作基本款麵包的麵團。進行到步驟 6
（p.14、15）之後，將麵團放在撒了手粉（高
筋麵粉，適量）的揉麵板上，以擀麵棍延
展成 10×20cm，然後切割成 8 等分（請
參照 p.19，圖 E）。接下來把四個角各往中
心點內折兩次，將麵團搓揉成圓形。

② 將麵團用掌心壓扁，延伸為直徑 6cm 的圓
形（圖 a）。接著在中央各包入 10g 的奶油
（圖 b），捏緊黏合。

③ 塑形後的麵團收口朝下擺放在烤盤上，以
噴霧器噴濕後靜置 10 分鐘。同時將烤箱預
熱至 230℃。

④ 在麵團表面用廚房剪刀剪出十字切痕（圖
c），每個麵團淋上 1/2 大匙的楓糖漿。放
入 230℃ 的烤箱中烘烤 10 分鐘。

a
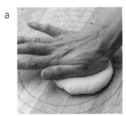

b

c

〔扭轉〕
杏仁捲麵包

扭轉成漩渦狀的可愛造型麵包。在麵團上塗了杏仁霜，烤出來
就像餅乾一樣酥脆可口！放置一段時間後會變成濕潤的口感。

材料（分量 8 個）

甜麵包麵團（p.25）…全量
蛋液（M）…分量 1 顆
杏仁粉… 35g
杏仁片（烤過）…適量
A ┌ 無鹽奶油…35g
  └ 白砂糖…35g

準備工作

☑ 融化麵包麵團用的奶油
☑ 在烤盤上鋪上烘焙紙

作法

① 製作甜麵包的麵團。進行到步驟 4（p.25）之後，
   將麵團放在撒了手粉（高筋麵粉，適量）的揉
   麵板上，以擀麵棍延展成 20×20cm。

② 將菜刀以水沾濕，把麵團縱向切割成 8 等分，
   從兩側開始扭轉（圖 a）。

③ 把麵團纏繞成漩渦狀擺放在烤盤上（圖 b），
   以噴霧器噴濕表面後靜置 10 分鐘。同時將烤箱
   預熱至 220℃。

④ 製作杏仁霜。在調理盆中放入材料 **A**，用打蛋
   器攪拌混勻（圖 c）。加入蛋液充分攪拌，最後
   加入杏仁粉再次攪拌。

⑤ 將步驟 4 所完成的杏仁霜各塗上 1/8 的用量在
   麵團表面，撒上杏仁片。

⑥ 放入 220℃ 的烤箱烘烤 10 分鐘。

a

b

c

〔 切割捲繞 〕
奶油花生顆粒麵包

乍看似乎塑形難度頗高，
其實只需要將切碎的花生
顆粒放入捲起，真的非常
簡單！造型會隨著切割的
數量而產生變化，不妨依
自己的喜好來完成吧！

材料（分量 8 個）

甜麵包麵團（p.25）…全量
花生醬（含糖）…4 大匙
花生（切碎）…20g
蛋液…適量

準備工作

☑ 融化麵包麵團用的奶油
☑ 在烤盤上鋪上烘焙紙

作法

① 製作甜麵包的麵團。進行到步驟 4（p.25）之後，將麵團放在撒了手粉（高筋麵粉，適量）的揉麵板上，以擀麵棍延展成 20×30cm，然後用菜刀切割成 10×10cm 的 6 等分（圖 a）。

② 留下麵團邊緣 2cm，塗抹上花生醬（若以指腹沾濕塗抹，可以塗得更均勻漂亮），最後撒上花生顆粒。

③ 將菜刀以水沾濕，留下麵團頂端 2cm 切成 4 條，從頂端開始捲起（圖 b），碰觸到底部後捏緊收口。

④ 把麵團輕輕翻轉延伸（圖 c），切口朝外拉成一個圓圈狀，將兩端捏合（圖 d、圖 e）擺放在烤盤上，以噴霧器噴濕後靜置 10 分鐘。同時將烤箱預熱至 220℃。

⑤ 在麵團表面用料理刷塗上蛋液，放入 220℃ 的烤箱烘烤 10 分鐘。

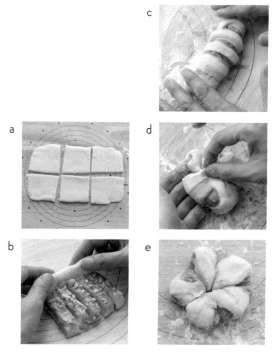

c

a

b

d

e

〔 捲繞 〕

巧克力可頌風麵包

雖然沒有層層堆疊的酥皮，但到底
還是可頌風味，味道也很正統！塗
上融化奶油，可以提升烘烤時奶油
的風味。建議選擇苦巧克力。

材料（分量 8 個）

基本款麵包麵團（p.13）…全量
有鹽奶油（塗抹用）…30g
板巧克力（黑）…1 片（50g）

準備工作

☑ 把板巧克力的長邊切成 8 等分
☑ 融化麵包麵團用的奶油
☑ 融化塑形用的奶油
☑ 在烤盤上鋪上烘焙紙

作法

① 製作基本款麵包的麵團。進行到步驟 6
（p.14、15）之後，將麵團放在撒了手粉（高
筋麵粉，適量）的揉麵板上，以擀麵棍延展
成直徑 25cm 的圓形，切割成放射狀的 8 等
分（圖 a）。

② 將麵團的尖角處朝自己放在揉麵板上，留
下頂端 2cm，其餘塗上融化奶油（奶油要
預留一半的量）。把一塊切好的板巧克力橫
放（圖 b），往自己面前捲進來（圖 c）。
拉著前端的尖角與塑形後的麵團緊密黏合
（圖 d）。

③ 將麵團的黏合處朝下放在烤盤上，於表面塗
上剩餘的融化奶油，靜置 10 分鐘（不需要
噴濕）。同時將烤箱預熱至 220℃。

④ 以 220℃ 的烤箱烘烤 10 分鐘。

a
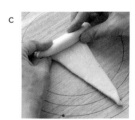

c
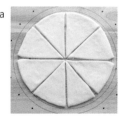

b

d

〔 扭轉 〕

油炸黃豆粉麵包

這是不需要使用烤箱的食譜，充滿令人懷念味道的油炸黃豆粉麵包。若依麵包店的塑形方法需要一定的訣竅，但這個食譜任誰都能輕鬆學會。不要扭得太緊，寬鬆地相互交叉就可以囉。

材料（分量 8 個）

基本款麵包麵團（p.13）…全量
沙拉油…適量
A ⌈ 黃豆粉…100g
　 │ 砂糖…4 大匙
　 ⌊ 鹽…少許

準備工作

☑ 融化麵包麵團用的奶油

作法

① 製作基本款麵包的麵團。進行到步驟 6（p.14、15）之後，將麵團放在撒了手粉（高筋麵粉，適量）的揉麵板上，以擀麵棍延展成 20×20cm，縱向切割成 8 等分（圖 a）。

② 將麵團輕輕翻轉滾成棒狀，然後對折麵團一邊交叉一邊扭轉（圖 b、c）。

③ 把塑形完成的麵團放在烘焙紙上，以噴霧器噴濕後靜置 10 分鐘。

④ 在鍋裡倒入沙拉油（深度約 5cm），加熱至 170℃。慢慢放入麵團，並不時翻面油炸 3 分鐘左右。待麵團炸至淺褐色後就取出瀝油，裹上混合後的材料 **A** 即完成。

a
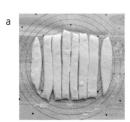

b

c
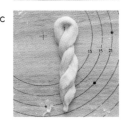

[打結]

黑芝麻起司麵包

黑芝麻麵包麵團,和滿滿的起司是最佳組合!起司的鹹味與黑芝麻的香味是百吃不膩的組合。

材料（分量 8 個）

基本款麵包麵團（p.13）…全量
炒過的黑芝麻…2 大匙
綜合起司…60g

準備工作

☑ 融化麵包麵團用的奶油
☑ 在烤盤上鋪上烘焙紙

作法

1. 製作基本款麵包的麵團。進行到步驟 6（p.14、15）微波加熱之後，加入炒過的黑芝麻充分攪拌均勻，揉合成一整塊。將麵團放在撒了手粉（高筋麵粉，適量）的揉麵板上，以**擀麵棍**延展成 20×20cm。

2. 把綜合起司撒在靠近身體的一半麵團上，從上方往下對折（圖 a）。

3. 以手按壓整個麵團，用菜刀把長邊切成 8 等分（圖 b）。將切口按壓黏合，來回滾動讓起司和麵團充分融合（圖 c）。

4. 如同繫繩般將麵團做成一個環狀（圖 d），把兩端連結在一起黏合（圖 e）。

5. 將麵團黏合的部分朝下（圖 f）放在烤盤裡，以噴霧器噴濕後靜置 10 分鐘。同時將烤箱預熱至 220℃。

6. 放入烤箱以 220℃ 烘烤 10 分鐘。

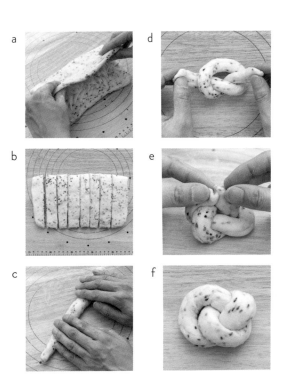

a

b

c

d

e

f

〔捲繞〕

明太子竹輪麵包

像竹輪等經過煉製而成的食品，烘烤時會膨脹起來，所以麵皮不能包太緊。
將辛辣明太子加入多一點的美乃滋，可以調和辛辣的口感。

材料（分量 8 個）

基本款麵包麵團（p.13）…全量
竹輪…10 條
切碎的海苔…適量
A ┌ 辛辣明太子…2 條
　└ 美乃滋… 5 大匙

準備工作

☑ 將辛辣明太子的薄膜打開取出魚卵
☑ 融化麵包麵團用的奶油
☑ 在烤盤上鋪上烘焙紙

作法

① 製作基本款麵包的麵團。進行到步驟 6（p.15）
之後，將麵團放在撒了手粉（高筋麵粉，適量）
的揉麵板上，以擀麵棍延展成 25×16cm，然後
切割成 5×8cm 的 10 等分（圖 a）。

② 在麵團邊緣放上一條竹輪（圖 b），稍微保留
一點空間捲起來（圖 c），捲好後捏緊黏合。

③ 將麵團收口朝下排列在烤盤上，以噴霧器噴濕
後靜置 10 分鐘。同時將烤箱預熱至 220℃。

④ 把材料 **A** 所調和的材料各塗上 1/10 的用量在麵
團表面，放入烤箱以 220℃ 烘烤 10 分鐘。烘烤
完成後取出，撒上切碎的海苔。

a
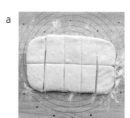

b

c

放入
模型中烘烤
—

使用做料理或甜點的模具，
輕鬆完成正統的麵包！塑形
也超簡單，即使手拙的人也
能輕鬆搞定。

〔 **戚風蛋糕模型** 〕

蘋果圈麵包

只需要將麵團捲起來放入模具中，就能完成達人級的甜麵包！戚風蛋糕的模型在百元商店也買得到。請參照 p.44 肉桂捲的捲法和切割方式喔！

材料 （**直徑 15×高 8cm・戚風蛋糕模型一個**）

甜麵包麵團（p.25）…全量
蘋果…1 個（250g）
蛋液…適量
A ⎡ 白砂糖…2 大匙
　 ⎣ 肉桂粉…1 大匙

準備工作

☑ 將蘋果連皮一起切丁，大小約 1cm，用紙巾拭去水氣。
☑ 融化麵包麵團用的奶油

作法

① 製作甜麵包麵團。進行到步驟 4（p.25）之後，將麵團放在撒了手粉（高筋麵粉，適量）的揉麵板上，以擀麵棍延展成 20×20cm。

② 留下麵團上方 2cm，其餘撒上材料 **A** 所調和好的材料，仔細鋪上切丁的蘋果粒（圖 a）。將麵團從自己前方開始捲起，捲完要緊密黏合。

③ 將菜刀以水沾濕，把麵團切成 8 等分。接下來將切口朝上放入模型裡（圖 b），以噴霧器噴濕後靜置 10 分鐘。同時將烤箱預熱至 230℃。

④ 在麵團表面用料理刷塗上蛋液，將模型放在烤盤上，放入烤箱以 230℃ 烘烤 10 分鐘。

a

b

〔 迷你磅蛋糕模型 〕

葡萄乾奶油麵包

葡萄乾佐以輕柔的奶油香。喜歡吃葡萄乾麵包的人，
一定會想嘗試做這款麵包。正因為有了葡萄乾和奶
油，才能讓麵包的口感更加濕潤。

材料 （8×3.5× 高 3.5cm・迷你磅蛋糕紙型 6 個）

基本款麵包麵團（p.13）…全量
葡萄乾（蘭姆酒漬）… 60g
蛋液… 適量
有鹽奶油…30g
白砂糖…1 大匙

準備工作

☑ 融化奶油
☑ 將塑形用的奶油切成 6 個，
　每個 5g，先冷藏

作法

① 製作基本款麵包的麵團。進行到步驟 6（p.14、
　15）微波加熱之後加入葡萄乾充分攪拌均勻，
　然後揉合成一整塊。將麵團放在撒了手粉（高
　筋麵粉，適量）的揉麵板上，以擀麵棍延展成
　21×14cm，然後切割成 7×7cm 的 6 等分（請
　參考 p.19，圖片 D）。

② 把麵團對折一半，邊緣要捏緊黏合。將麵團收
　口朝下放入迷你磅蛋糕的紙型中，以噴霧器噴
　濕後靜置 10 分鐘。同時將烤箱預熱至 220℃。

③ 在麵團中央剪一條長度約 2cm 的切痕（圖 a），
　以料理刷塗上蛋液，然後各放上 5g 奶油，並撒
　上白砂糖（圖 b）。

④ 將完成後的紙型放在烤盤上，放入烤箱以 220℃
　烘烤 10 分鐘。

a

b

〔 琺瑯容器 〕

山型吐司

超簡單的吐司，很適合作為早餐或早午餐。即使沒有
特別的模具，也可利用耐熱容器烤出正統的山型麵包。
改用基本款麵包麵團或披薩麵團也很美味喔！

材料 （10×16.5×高6cm・琺瑯容器一個）

全麥麵包麵團（p.28）…全量
蛋液…適量

準備工作

☑ 融化麵包麵團用的奶油
☑ 在容器內鋪上烘焙紙

作法

① 製作全麥麵包的麵團。進行到步驟 5（p.29）之
　後，將麵團放在撒了手粉（高筋麵粉，適量）
　的揉麵板上，以擀麵棍延展成 20×20cm，切割
　成 2 等分。

② 將麵團較短的一邊從上方往自己面前捲進來（圖
　a），捲好後捏緊黏合。依照這個方式製作兩捲。

③ 將收口朝下在容器中放入兩個捲好的麵團（圖
　b），以噴霧器噴濕後靜置 10 分鐘。同時將烤
　箱預熱至 230℃。

④ 在麵團表面用料理刷塗上蛋液，將容器放在烤
　盤上，放入烤箱以 230℃ 烘烤 10 分鐘。

a
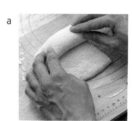

b

〔 鑄鐵平底鍋 〕
起司鍋手撕麵包

熱騰騰剛出爐超好吃！蒜香橄欖油風味的手撕麵包，
加上濃稠牽絲的起司。很適合搭配美酒，或作為派對
活動的餐點。「起司用量可依個人喜好來增減喔！」

材料（直徑 15cm・鑄鐵平底鍋一個）

基本款麵包麵團（p.13）…全量
綜合起司…100g
A［大蒜醬（管狀）…約 3cm
　　橄欖油…2 大匙

準備工作

☑ 融化麵包麵團用的奶油

作法

① 製作基本款麵包的麵團。步驟 1 ～ 12 （p.14 ～
17）都相同。

② 將材料 **A** 混合後，一半的用量塗在鑄鐵鍋上。
把步驟 1 做好的麵團收口朝下，以圓形排列（圖
a）。

③ 在中央放入一半分量的綜合起司，然後將剩餘
的材料 **A** 用料理刷塗抹在麵團表面（圖 b），
維持這個狀態靜置 10 分鐘（不需要使用噴霧
器）。同時將烤箱預熱至 230℃。

④ 將鑄鐵平底鍋放在烤盤上，以 230℃ 的烤箱先
烘烤 5 分鐘，然後盡快取出（請使用耐熱手套）
把剩餘的起司放入中央，接著再將平底鍋放入
烤箱內烘烤 5 分鐘。

a

b

〔 馬芬杯 〕
蘋果杯子麵包

模仿蘋果造型的超可愛麵包，酥酥脆脆的核桃口感也是重點之一。如果想使用市售的蘋果果醬，建議選擇含有一粒粒果肉的製品。棒狀餅乾的品牌是 PRETZ。

材料（直徑 6× 高 4cm・馬芬杯 8 個）

基本款麵包麵團（p.13）…全量
核桃（烤過）…30g
蘋果果醬（請參照 p.72 或使用市售品）…8 大匙
棒狀餅乾（市售品）… 4 根
南瓜子…8 粒
蛋液…適量

準備工作

☑ 將核桃切塊
☑ 融化麵包麵團用的奶油

作法

① 製作基本款麵包的麵團。進行到步驟 6（p.14、15）微波加熱之後加入切塊的核桃，充分攪拌均勻後揉合成一整塊。將麵團放在撒了手粉（高筋麵粉，適量）的揉麵板上，以擀麵棍延展成 10×20cm，切成 8 等分（請參照 p.19，圖 E），將每一塊的四個角往中心點內折兩次，再搓揉成圓形。

② 用掌心將麵團壓扁，延展成直徑 8 公分的圓（圖 a）。每次使用蘋果果醬一大匙的分量包在麵糰內（圖 b），將邊緣黏合收口。

③ 將麵團收口朝下放入馬芬杯裡（圖 c），直接擺在烤盤上，以噴霧器噴濕後靜置 10 分鐘。同時將烤箱預熱至 220℃。

④ 在麵團表面以料理刷塗上蛋液，在中心位置插上 1/2 根棒狀餅乾，旁邊放上一粒南瓜子。

⑤ 放入烤箱以 220℃ 烘烤 10 分鐘。

a
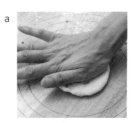

b

c

〔 馬芬杯 〕

照燒雞肉杯子麵包

使用市售的烤雞肉串方便製作！只要在馬芬杯中放入麵團即可，沒有複雜的塑形過程，食材也只需要放上去就好了，輕鬆完成！

材料（直徑 6× 高 4cm・馬芬杯 8 個）

基本款麵包麵團（p.13）…全量
烤雞肉串（市售）…3 ～ 5 支（或罐頭 2 罐）
鵪鶉蛋（水煮）…8 粒
細蔥…適量

準備工作

☑ 把鵪鶉蛋對半切開
☑ 將細蔥切成蔥花
☑ 融化麵包麵團用的奶油

作法

① 製作基本款麵包的麵團，步驟 1 ～ 12 （p.14 ～ 17）都相同。

② 將麵團收口朝下放入馬芬杯中，以噴霧器噴濕後靜置 10 分鐘。將烤箱預熱至 220℃。

③ 在每個麵團上方擺放烤雞肉和鵪鶉蛋，共 8 份。

④ 放入烤箱以 220℃ 烘烤 10 分鐘（如果中途發現雞肉好像快要烤焦，就覆蓋上鋁箔紙）。出爐後再撒上蔥花就大功告成。

使用微波爐製作抹醬 & 果醬

與麵包最對味的果醬和抹醬，也可以利用微波爐輕鬆完成喔！

鮮奶油…200ml

A ┌ 板巧克力（黑巧克力切碎）
　 │ …4 片（200g）
　 └ 奶油…10g

① 在耐熱調理盆中放入鮮奶油並覆蓋上保鮮膜，以微波爐（600W）加熱 1 分 30 秒左右。

② 加入材料 A，以橡皮刮刀慢慢攪拌，讓材料融化混合均勻。

蘋果（切丁，約 1cm）…1 顆（實重 250g）
白砂糖…100g
檸檬汁…1/2 大匙

① 在耐熱調理盆中放入全部的材料，先大致攪拌一下，接著不需要覆蓋保鮮膜直接放入微波爐（600W）加熱 3 分鐘左右，再取出充分拌勻。

② 再一次不用保鮮膜直接放入微波爐加熱 2 分鐘左右攪拌均勻。同樣的步驟還要重複 3 次。

A ┌ 牛奶糖（市售，切小塊）…12 粒（60g）
　 └ 鮮奶油…80ml
有鹽奶油…5g

① 在耐熱調理盆中放入材料 A 並覆蓋上保鮮膜，以微波爐（600W）加熱 1 分 40 秒左右。

② 慢慢攪拌使材料融化，再加入奶油混合均勻。

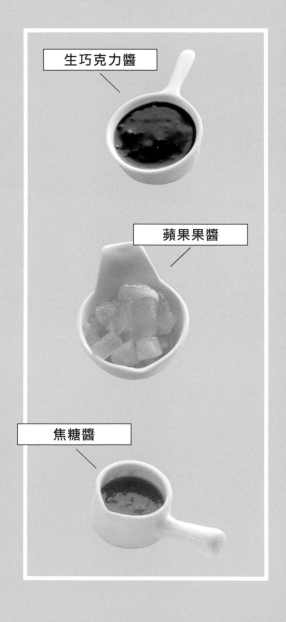

生巧克力醬

蘋果果醬

焦糖醬

卡士達醬

藍莓果醬

牛奶醬

A ⎡ 蛋黃…1 顆
⎣ 白砂糖…1 又 1/2 大匙

低筋麵粉…1 大匙

B ⎡ 牛奶…200ml
⎣ 香草精（可省略）…3 滴

① 在耐熱調理盆中放入材料 **A** 充分攪拌，將低筋麵粉用濾茶網撒入盆中混合均勻，再把混合好的材料 **B** 慢慢倒入攪拌。

② 在調理盆上方蓬鬆地覆蓋上保鮮膜，以微波爐（600W）加熱 1 分 30 秒左右後取出，充分攪拌均勻。接著再次同上述方式覆蓋保鮮膜，微波加熱 1 分鐘後攪拌均勻。完成後放置一小時冷卻，待保鮮膜緊緊貼在調理盆表面時就 OK 了。

藍莓（冷凍）…200g
白砂糖…100g
檸檬汁…1/2 大匙

① 在耐熱調理盆中放入全部的材料，先大致攪拌一下，接著不需要覆蓋保鮮膜直接放入微波爐（600W）加熱 4 分鐘左右，再取出充分攪勻。

② 再一次不蓋保鮮膜直接放入微波爐加熱 2 分鐘左右攪拌均勻。同樣的步驟還要重複 3 次。

A ⎡ 加糖煉乳…60g
⎣ 蛋白（M）…1 個

低筋麵粉…10g
牛奶…180ml

① 在耐熱調理盆中放入材料 **A** 充分攪拌均勻，將低筋麵粉用濾茶網撒入盆中混合均勻，再把牛奶慢慢倒進去攪拌。

② 在調理盆上方蓬鬆地覆蓋上保鮮膜，以微波爐（600W）加熱 2 分鐘後取出，充分攪拌均勻。然後再次同上述方式覆蓋保鮮膜，微波加熱 1 分鐘後攪勻。接著再重複一次微波加熱 1 分鐘攪拌的步驟。完成後放置一小時左右冷卻，待保鮮膜緊緊貼在調理盆表面時就 OK 了。

Part
3

嘗試更多變化！
點心麵包 & 佐餐麵包

結合前面所介紹的麵團和塑形
方式，試著做出各種不同類型
的麵包吧！當然，也都可以在
30分鐘內完成，不妨從最喜
歡的一款開始挑戰喔！

Sweet bread

小朋友也超喜歡！
點心麵包

馬卡龍風味麵包

擁有馬卡龍般酥脆口感的祕訣就在於麵包上撒了滿滿的糖粉，
一經烘烤表面就會產生裂痕。如果選擇添加玉米粉的糖粉，烤
出來會更加酥脆可口。

材料（分量 8 個）

甜麵包麵團（p.25）…全量
A [蛋白（M）…分量 1 顆
糖粉… 50g
杏仁粉…35g
糖粉…適量

準備工作

☑ 融化麵包麵團用的奶油
☑ 在烤盤上鋪上烘焙紙

作法

① 與製作甜麵包麵團的步驟 1 ～ 8 （p.25） 相同。

② 製作馬卡龍般的裂痕表面。在調理盆中放入材料 **A** 並用打蛋器攪拌，再加入杏仁粉混合均勻。將烤箱預熱至 220℃。

③ 在麵團表面用塗上步驟 2 所調和好的材料，每個麵團約使用 1/8 的量，接著分成兩次用濾茶網撒上滿滿的糖粉。

④ 放入烤箱以 220℃烘烤 10 分鐘。

有美媽咪 *point*

糖粉分兩次撒上去，可以讓
裂痕更清楚，烤出來的麵包
就會更漂亮。最好是先撒一
次，等糖粉融化後再撒一次。

pastries 2

一口奶油球

讓小朋友也很好入口的迷你尺寸。用巧克力豆麵團（p.23）來做也超好吃。塑形時用指尖來搓揉成小巧的圓球，會更方便喔！

材料（分量 16 個）

基本款麵包麵團（p.13）…全量
蛋液…適量
有鹽奶油… 20g
白砂糖…2 大匙

準備工作

☑ 融化麵包麵團用的奶油
☑ 在烤盤上鋪上烘焙紙

作法

① 製作基本款麵包的麵團。進行到步驟 6（p.14、15）之後，將麵團放在撒了手粉（高筋麵粉，適量）的揉麵板上，以擀麵棍延展成 16×16cm，然後切割成邊長 4cm 的 16 等分（請參照 p.19，圖 C）。

② 將麵團一個個搓成圓形（p.17 步驟 10 ～ 12），以噴霧器噴濕後靜置 10 分鐘。同時將烤箱預熱至 220℃。

③ 在麵團表面用料理刷塗上蛋液，放入烤箱以 220℃ 烘烤 10 分鐘。

④ 趁熱將烤好的小圓球麵包，和奶油一起放入調理盆中，讓奶油充分附著在麵包上。完成後再撒上白砂糖。

有美媽咪 *point*

覺得塑形難度太高的人，在步驟 1 中切割成 16 等分的麵團就不需要揉成圓球，直接進烤箱，烤出來也蠻可愛的喔！

有美媽咪 _point_

在步驟 2 中，起司醬可依個人喜好加入蘭姆酒醃漬的葡萄乾。葡萄乾的口感讓麵包散發出成熟大人味，也是特色之一。

• *pastries* 3

起司蛋糕麵包

將起司蛋糕原封不動做成麵包。起司醬做好後先放入冰箱冷藏，
之後會比較容易塗抹，請參照 p.45 肉桂捲的捲法和切法。

材料（分量 8 個）

甜麵包麵團（p.25）…全量

A ⎡ 奶油乳酪…100g
  ⎢ 白砂糖…2 大匙
  ⎢ 檸檬汁…1 小匙
  ⎣ 蛋黃…1 顆
低筋麵粉…1 大匙

準備工作

☑ 讓奶油乳酪回復常溫，變軟後再使用
☑ 融化麵包麵團用的奶油
☑ 在烤盤上鋪上烘焙紙

作法

① 製作甜麵包的麵團。進行到步驟 4（p.25）之後，將麵團放在撒了手粉（高筋麵粉，適量）的揉麵板上，以擀麵棍延展成 25×25cm。

② 製作起司醬。在調理盆中放入材料 **A** 攪拌均勻，再加入低筋麵粉攪拌至沒有粉感。

③ 留下麵團上方 2cm，其餘塗上步驟 2 所調和好的起司醬。將麵團從自己前方開始捲起，捲完要緊密黏合。

④ 將菜刀以水沾濕，把麵團切成 8 等分。然後將切口朝上排列在烤盤上，以噴霧器噴濕後靜置 10 分鐘。同時將烤箱預熱至 220℃。

⑤ 放入烤箱以 220℃ 烘烤 10 分鐘。

• *pastries* 4

比司吉帽子麵包

簡單又可愛的帽子麵包，上面放著比司吉麵團來烘烤。將比司吉麵團滿滿放在中央，烘烤時就會融化流下來，形成如同帽子般的形狀。

材料（分量 8 個）

甜麵包麵團（p.25）…全量
無鹽奶油…50g
A〔白砂糖… 60g
   牛奶…1 大匙
蛋液（M）…分量 1 顆
低筋麵粉… 70g

準備工作

☑ 融化麵包麵團用的奶油
☑ 融化比司吉麵團用的無鹽奶油
☑ 在烤盤上鋪上烘焙紙

作法

① 與製作甜麵包麵團的步驟 1 ～ 8（p.25）相同。

② 製作比司吉麵團在調理盆中依序加入融化的無鹽奶油、材料 **A**、蛋液、篩過的低筋麵粉，均勻攪拌混合。

③ 在麵團表面塗上步驟 2 所調和好的材料，每個麵團使用 1/8 的量（圖 a），放入已經預熱至 220℃ 烤箱，烘烤 10 分鐘。

a

> **有美媽咪** *point*
>
> 將比司吉麵團放在上面烘烤的方式，雖然跟菠蘿麵包是一樣的，但呈現的風味卻是和菠蘿麵包完全不同喔！

有美媽咪 *point*

如果想要烤出更有嚼勁的硬麵包口感，在步驟 5 可以改用 200℃ 的烤箱烘烤 20 分鐘。

核桃杏桃蝴蝶餅風味麵包

微甜的杏桃與香氣濃郁的核桃,組合起來的口感十分
美味。麵團以較長的棒狀來烘烤時,水分更容易流
失,出爐後就會變成如同硬麵包的感覺。

材料 (分量 8 個)

基本款麵包麵團(p.13)…全量
核桃(烤過)…30g
杏桃乾…60g

準備工作

☑ 將核桃、杏桃切碎
☑ 融化麵包麵團用的奶油
☑ 在烤盤上鋪上烘焙紙

作法

① 製作基本款麵包的麵團。進行到步驟 6(p.14、
15)微波加熱後放入核桃,用手將全部材料混和
均勻,然後揉合成一整塊。接著將麵團放在撒了
手粉(高筋麵粉,適量)的揉麵板上,以擀麵棍
延展成 20×20cm。

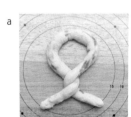

a

② 在麵團表面放上切碎的杏桃,用手按壓。接下來
將菜刀以水沾濕,把麵團縱向切割成 8 等分(請
參照 p.19,圖 A)。

③ 把麵團輕輕翻轉延伸,做出一個圓圈,兩端相互
交叉扭轉兩次(圖 a)。接著將兩端提起(圖 b),
往圓圈的內側按壓,以指腹充分黏合(圖 c)。

b

④ 將完成後的麵團放在烤盤上,以噴霧器噴濕後靜
置 10 分鐘。同時將烤箱預熱至 220℃。

⑤ 放入烤箱以 220℃烘烤 10 分鐘。

c

蜜紅豆平燒麵包

完全不需要烤箱的「平底鍋」麵包！如果使用平底鍋來烤，內餡會很鬆軟綿密，外皮卻很香脆，同時擁有兩種口感。這款麵包也是我們家五歲小朋友的最愛，也常作為他平日的點心。

材料（分量 8 個）

基本款麵包麵團（p.13）…全量
豆沙餡… 320g
炒過的黑芝麻…適量

準備工作

☑ 將豆沙餡分成每 40g 一塊
☑ 融化麵包麵團用的奶油
☑ 準備兩組平底鍋與鍋蓋

作法

① 製作基本款麵包的麵團。進行到步驟 6（p.14、15）完成後，把麵團放在撒了手粉（高筋麵粉，適量）的揉麵板上，以擀麵棍延展成 10×20cm，切割成 8 等分（請參照 p.19，圖 E）。將每一塊的四個角各往中心點內折兩次，然後搓揉成圓形。

② 把麵團用掌心壓平，延展成直徑 6cm 的圓形。在中間各放上 40g 的豆沙餡包起來，邊緣要捏緊黏合。

③ 將步驟 2 完成的麵團用掌心按壓成 1.5cm 的厚度，收口朝下在中心位置黏上炒過的黑芝麻，以噴霧器噴濕靜置 10 分鐘。

④ 同時使用兩個直徑 27cm 的平底鍋，以小火加熱，各放上 4 個麵團。蓋上鍋蓋，兩面都各烤 4 分鐘。

有美媽咪 point

平底鍋能讓溫度立即上升，不像烤箱會送出暖風，所以麵團的水分也比較不容易流失，可以打造出鬆軟酥脆的口感！

有美媽咪 *point*

咖啡的風味與煉乳的牛奶香氣是絕佳組合，儼然就是咖啡歐蕾。口味偏甜的人可以加上滿滿的糖霜。

咖啡歐蕾麵包

我把最喜歡的咖啡歐蕾做成麵包了,雖然需要多花費一點時間,不過還是一定要點綴上糖霜和碎餅乾,不同口感扮演著極為重要的角色!請參照 p.45 肉桂捲的塑形。

材料 (分量 8 個)

甜麵包麵團(p.25)…全量

A ┌ 煉乳…2 大匙
  └ 即溶咖啡…1 小匙

蛋液…適量

B ┌ 糖粉…3 大匙
  │ 水(常溫)…2 小匙
  └ 即溶咖啡…1/2 小匙

餅乾(依個人喜好)… 2 片

準備工作

☑ 融化麵包麵團用的奶油
☑ 在烤盤上鋪上烘焙紙

作法

① 製作甜麵包的麵團。進行到步驟 4(p.25)完成後,將麵團放在撒了手粉(高筋麵粉,適量)的揉麵板上,以**擀麵棍**延展成 25×25cm。

② 留下麵團上方 2cm,其餘塗上混合均勻的材料 **A**。將麵團從自己前方開始捲起,捲完要緊密黏合。以水沾濕菜刀,把麵團切成 8 等分。

③ 將麵團切口朝上放在烤盤上,以噴霧器噴濕後靜置 10 分鐘。同時將烤箱預熱至 220℃。

④ 在麵團表面用料理刷塗上蛋液,以 220℃ 的烤箱烘烤 10 分鐘。

⑤ 麵包冷卻之後,可依個人喜好在表面用湯匙淋上調好的材料 **B**(糖霜),再撒上一些碎餅乾,稍微放置一段時間等它凝固即可。

• pastries 8

雙層巧克力捲

這是專門為巧克力愛好者所製作的麵包。在麵團中混入滿滿的巧克力豆和切碎的板巧克力，一經烘烤就會融化出來。如果選擇苦味巧克力，甜度就會剛剛好。

材料（分量 8 個）

甜麵包麵團（p.25）…全量
巧克力豆（西點烘焙用）…50g
板巧克力（黑）…2 片（100g）
可可粉…1 大匙

準備工作

☑ 將板巧克力切碎
☑ 融化麵包麵團用的奶油
☑ 在烤盤上鋪上烘焙紙

作法

① 製作甜麵包的麵團。進行到步驟 4（p.25）微波加熱完成後加入巧克力豆，用手將全部攪拌均勻，揉合成一整塊。接下來將麵團放在撒了手粉（高筋麵粉，適量）的揉麵板上，以擀麵棍延展成 20×20cm。

② 留下麵團上方 2cm，其餘用濾茶網撒上可可粉，鋪上切碎的板巧克力。

③ 把麵團從自己前方開始捲起，捲完要緊密黏合。

④ 將菜刀以水沾濕，把麵團切成 8 等分。將麵團切口朝上放在烤盤上，以噴霧器噴濕後靜置 10 分鐘。同時將烤箱預熱至 220℃。

⑤ 放入烤箱以 220℃ 烘烤 10 分鐘。

有美媽咪 *point*

即使放涼了也一樣有著香甜濃郁的味道！切法和捲法請參照 p.45 的肉桂捲。

有美媽咪 *point*

步驟 2 中需要在麵團上方開一個切口時，請注意要確實打開，果醬和起司會較容易放上去。

• pastries 9

藍莓乳酪麵包

有如生起司蛋糕般的麵包。藍莓果醬如果貪心放太多，烘烤時就會沸騰而溢流出來喔，想要多放一點時，可以等出爐後再點綴上去。

材料（分量 8 個）

甜麵包麵團（p.25）…全量
奶油乳酪（分裝）…8 片
藍莓果醬…4 大匙
蛋液…適量

準備工作

☑ 融化麵包麵團用的奶油
☑ 在烤盤上鋪上烘焙紙

作法

① 製作甜麵包的麵團。同步驟 1 ～ 7（p.25）。

② 將麵團收口朝下放在烤盤上，在麵團表面用廚房剪刀剪出一個十字型，以水沾濕湯匙把切口打開（圖 a）。

③ 在切口裡各放入 1/2 大匙的藍莓果醬，再輕輕按壓上一片奶油乳酪，以噴霧器噴濕後靜置 10 分鐘。將烤箱預熱至 220℃。

④ 在麵團表面用料理刷塗上蛋液，放入烤箱以 220℃ 烘烤 10 分鐘。

a

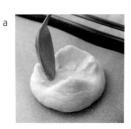

以湯匙的背面按壓，將切口朝外側打開。

• *pastries* 10

焦糖核果麵包

焦糖醬只需要微波就能完成！可以輕鬆抓著吃的可愛造型麵包。由於使用了市售的牛奶糖，也不需要再多費力氣製作焦糖。

材料（分量 8 個）

基本款麵包麵團（p.13）…全量

A [牛奶糖（市售…12 顆（60g）
鮮奶油 …60ml

核桃（烤過）…30g

準備工作

☑ 將牛奶糖切碎
☑ 將核桃切塊
☑ 融化麵包麵團用的奶油
☑ 在烤盤上鋪上烘焙紙

作法

① 製作基本款麵包的麵團。進行到步驟 6（p.14、15）完成後，將麵團放在撒了手粉（高筋麵粉，適量）的揉麵板上，以擀麵棍延展成 20×20cm，然後切割成 8 等分（請參照 p.19，圖 A）。

② 從麵團的長邊上下兩端開始各扭轉 2 ～ 3 次（圖 a）。

③ 將麵團放在烤盤上，以噴霧器噴濕後靜置 10 分鐘。

④ 製作焦糖核果醬。在耐熱容器中放入材料 **A**，以微波爐（600W）加熱 1 分 40 秒左右使其融化，然後充分攪拌均勻。接下來再加入核桃攪拌，塗在麵團上。同時將烤箱預熱至 220℃。

⑤ 放入烤箱以 220℃ 烘烤 10 分鐘。

a

只需要輕輕扭轉就能完成可愛的造型。

有美媽咪 *point*

扭轉過的麵團一經烘烤就會膨脹，很容易回復到原來的狀態，因此進烤箱前，要先將麵團兩端按壓固定在烤盤上，會比較好。

將兩端重疊後仔細
黏合,就可以形成一
個漂亮的圓圈。

有美媽咪 point

這裡沒有使用模具來做成圓
圈狀,所以麵團的連結處很容
易散開,一定要仔細黏合喔!

3 種風味甜甜圈

鬆軟可口的甜甜圈，上面的裝飾也有很多變化。油炸時鍋內溫度上升，就會變得很容易上色，麵團若成深褐色就要調整火候。

材料（分量 8 個）

甜麵包麵團（p.25）… 全量
沙拉油… 適量

準備工作

☑ 融化麵包麵團用的奶油

作法

① 製作甜麵包的麵團。進行到步驟 4（p.25）完成後，將麵團放在撒了手粉（高筋麵粉，適量）的揉麵板上，以擀麵棍延展成 20×20cm，然後縱向切割成 8 等分（請參照 p.19，圖 A），將切好的麵團輕輕翻滾成為棒狀。

② 將麵團兩端重疊，環繞成一個圓圈，把連結的兩端黏合（圖 a）。塑形完成的麵團放在烘焙紙上，以噴霧器噴濕後靜置 10 分鐘。

③ 在鍋內倒入沙拉油（深度約 5cm）加熱至 170℃，將麵團不時上下翻面，油炸 2 分 30 秒～ 3 分鐘。

〔 甜甜圈的變化款 〕

巧克力花生甜甜圈

材料

板黑巧克力（切碎）…2 片（100g）
花生（壓碎）… 適量

作法

在耐熱調理盆中放入切碎的板巧克力，以微波爐（600W）加熱 1 分鐘使其融化。將巧克力淋在甜甜圈上，再撒上壓碎的花生顆粒，等巧克力凝固就完成了。

椰粉甜甜圈

材料

A ⎡ 椰子粉…30g
  ⎣ 白砂糖…20g

作法

將調和好的材料 **A** 撒滿在甜甜圈上。

鮮奶油 & 果醬甜甜圈

材料

個人喜好的果醬、發泡鮮奶油（市售）、糖粉（依個人喜好）…各適量

作法

將甜甜圈橫向切成兩半，在其中一片的切口塗上果醬，擠上鮮奶油。用另一片夾住餡料，最後依個人喜好撒上糖粉。

刺蝟麵包

彷彿是從童話裡出現的超可愛的刺蝟麵包。眼睛和嘴巴是把巧克力豆和葡萄乾塞進麵團裡做成的，在烘烤時麵團膨脹就會被擠壓出來，所以一定要確實塞好喔！

材料（分量 8 個）

基本款麵包麵團（p.13）…全量
葡萄乾（烘乾）…8 顆
巧克力豆（甜點烘焙用）…16 顆
發泡鮮奶油（市售，依個人喜好）…200ml

準備工作

☑ 融化麵包麵團用的奶油
☑ 在烤盤上鋪上烘焙紙

作法

① 製作基本款麵包的麵團。步驟同 1 ～ 12（p.14 ～ 17）。

② 將麵團收口朝下放在烤盤上。把設定為嘴巴的地方拉尖（圖 a），用廚房剪刀剪一個切痕。在設定為眼部的地方用牙籤刺開兩個洞。刺蝟身上的刺就用廚房剪刀在幾個地方剪開（圖 b）。

③ 在嘴裡塞入葡萄乾，在兩眼塞入巧克力豆，以噴霧器噴濕麵團表面後靜置 10 分鐘。同時將烤箱預熱至 220℃。

④ 以 220℃ 的烤箱烘烤 10 分鐘。出爐後先放置一段時間冷卻，再依個人喜好用筷子在麵包底部開一個洞，擠入發泡鮮奶油（圖 c）。

a

以指尖抓起麵團的邊緣，做出如同鳥嘴一樣的形狀。

b

眼睛和嘴巴很容易掉落，所以打洞時要稍微深一點。身上的刺要先稍微抓一下比例位置再入刀。

c

將筷子戳進底部中心，旋轉移動製造出一個空間，這樣發泡鮮奶油會更好擠入。

棉花糖巧克力披薩

不需要塑形超簡單！讓人很想大快朵頤的甜點披薩風麵包。
經過烘烤的棉花糖外層酥酥脆脆，內裡綿密軟甜，一定要趁
熱享用喔！

材料（直徑 25cm 大・分量 1 片）

披薩麵團（p.27）…全量
棉花糖…55g
板巧克力（黑）…2 片（100g）

準備工作

☑ 將板巧克力切成小塊
☑ 在烤盤上鋪上烘焙紙

作法

① 製作披薩麵團。進行到步驟 4（p.27）完成後，將麵團放
在撒了手粉（高筋麵粉，適量）的揉麵板上，以擀麵棍
延展成直徑 25cm 的圓形。

② 將擀好的麵團放在烤盤上，把棉花糖和切成小塊的板巧
克力鋪滿整個麵團，以噴霧器噴濕後靜置 10 分鐘。同時
將烤箱預熱至 230℃。

③ 放入烤箱以 230℃ 烘烤 10 分鐘。

香蕉巧克力夾心麵包

將夾心麵包做成迷你尺寸，塑造出可愛的造型。香蕉可依個人喜好替換成草莓或橘子等水果喔！

材料（分量 8 個）

甜麵包麵團（p.25）…全量
發泡鮮奶油（市售）…適量
香蕉…1 根
檸檬汁…1 小匙
巧克力筆… 2 支

準備工作

☑ 把香蕉切成厚度 8mm 的圓片，沾上檸檬汁
☑ 將巧克力筆依包裝上的說明方式融化
☑ 融化麵包麵團用的奶油
☑ 在烤盤上鋪上烘焙紙

作法

① 製作甜麵包的麵團。進行到步驟 4（p.25）完成後，
把麵團放在撒了手粉（高筋麵粉，適量）的揉麵板上，
以擀麵棍延展成 10×20cm，然後切割成 8 等分（請
參照 p.19，圖 E）。將每一塊的四個角各往中心點內
折兩次，再搓揉成圓形。

② 將收口朝上，用掌心把麵團延展成直徑 8cm 左右的
圓形（圖 a），將兩端往中心點折疊（圖 b），然後
再折疊一次，將收口黏合（圖 c）。完成後稍微翻滾
調整成如圖的熱狗堡造型（圖 d）。

③ 將麵團收口朝下放在烤盤上，以噴霧器噴濕後靜置 10
分鐘。同時將烤箱預熱至 220℃。

④ 放入烤箱以 220℃ 烘烤 10 分鐘。

⑤ 待麵包冷卻之後，在中央用菜刀劃一道長切痕，擠上
發泡鮮奶油，放上 3 片香蕉，最後淋上巧克力。

a

b

c

d

有美媽咪 _point_

在步驟 2 中延展麵團時，請留
意厚度一定要均等。如果有凹
凸不平的狀態，烤出來就會變
成歪七扭八的形狀。

奶油乳酪大福麵包

帶顆粒紅豆餡的甜味,與奶油乳酪淡淡的鹽味十分契合。呈現出如同品嚐和菓子般的氛圍,非常適合拿來作為茶點。乍看好像覺得出乎意料之外,其實是超完美比例的組合。

材料(直徑 25cm 大 · 分量 1 片)

基本款麵包麵團(p.13)…全量
奶油乳酪(分裝)…8 片
帶顆粒的紅豆餡…240g
片栗粉(日式太白粉)…適量

準備工作

☑ 融化麵包麵團用的奶油
☑ 在烤盤上鋪上烘焙紙

作法

① 製作基本款麵包的麵團。進行到步驟 6(p.14、15)完成後,把麵團放在撒了手粉(高筋麵粉,適量)的揉麵板上,以擀麵棍延展成 10×20cm,然後切割成 8 等分(請參照 p.19,圖 E)。將每一塊的四個角各往中心點內折兩次,再搓揉成圓形。

② 將麵團用掌心壓平,延展成直徑 6cm 的圓形。在中間放上帶顆粒的紅豆餡 30g,再放上一片奶油乳酪包起來,接口處要捏緊黏合。

③ 將麵團收口朝下放在烤盤上,以噴霧器噴濕後靜置 10 分鐘。同時將烤箱預熱至 220℃。

④ 在麵團表面用濾茶網撒上片栗粉(日式太白粉),放入烤箱以 220℃ 烘烤 10 分鐘。

有美媽咪 *point*

在出爐前 2～3 分鐘請先觀察一下麵團,如果好像快要上色,就將溫度調低成 200℃。最好是在幾乎不太上色的狀態下烘烤,口感才夠鬆軟。

有美媽咪 *point*

口感 Q 彈的米麵包，因為麵團中不含麩質，使用手粉時請改用片栗粉（日式太白粉）來替代。

黑豆米麵包

這是使用平底鍋來煎烤的食譜。很像烤麻糬或烤包子的米麵包，搭配甜甜的黑豆，可以讓麵團的美味指數更提升。只要是很下飯的食物幾乎都能搭配，所以包牛蒡絲或漬物一起烤也 OK 喔！

材料（分量 8 個）

米麵包麵團（p.31）⋯全量
甘煮黑豆（市售）⋯100g
沙拉油⋯適量

作法

① 製作米麵包的麵團。進行到步驟 4（p.31）完成後，把麵團放在撒了手粉（高筋麵粉，適量）的揉麵板上，以擀麵棍延展成 10×20cm，然後切割成 8 等分（請參照 p.19，圖 E）。將每一塊的四個角各往中心點內折兩次，再搓揉成圓形。

② 將麵團用掌心壓平，延展成直徑 6cm 的圓形。先取出裝飾用的黑豆共 16 顆，剩餘的各使用 1/8 的用量包起來，接口處要緊密黏合。

③ 將麵團收口朝下，放在塗了沙拉油直徑 27cm 的平底鍋上。將步驟 2 所留下來的黑豆各放 2 粒在每個麵團上，然後在表面塗上沙拉油，以噴霧器噴濕後靜置 10 分鐘。

④ 將麵團放入平底鍋內並蓋上鍋蓋，以中火加熱，蓋著鍋蓋兩面各煎烤 4 分鐘。

Side dish bread

種類十分豐富
也可取代一餐！

佐餐麵包

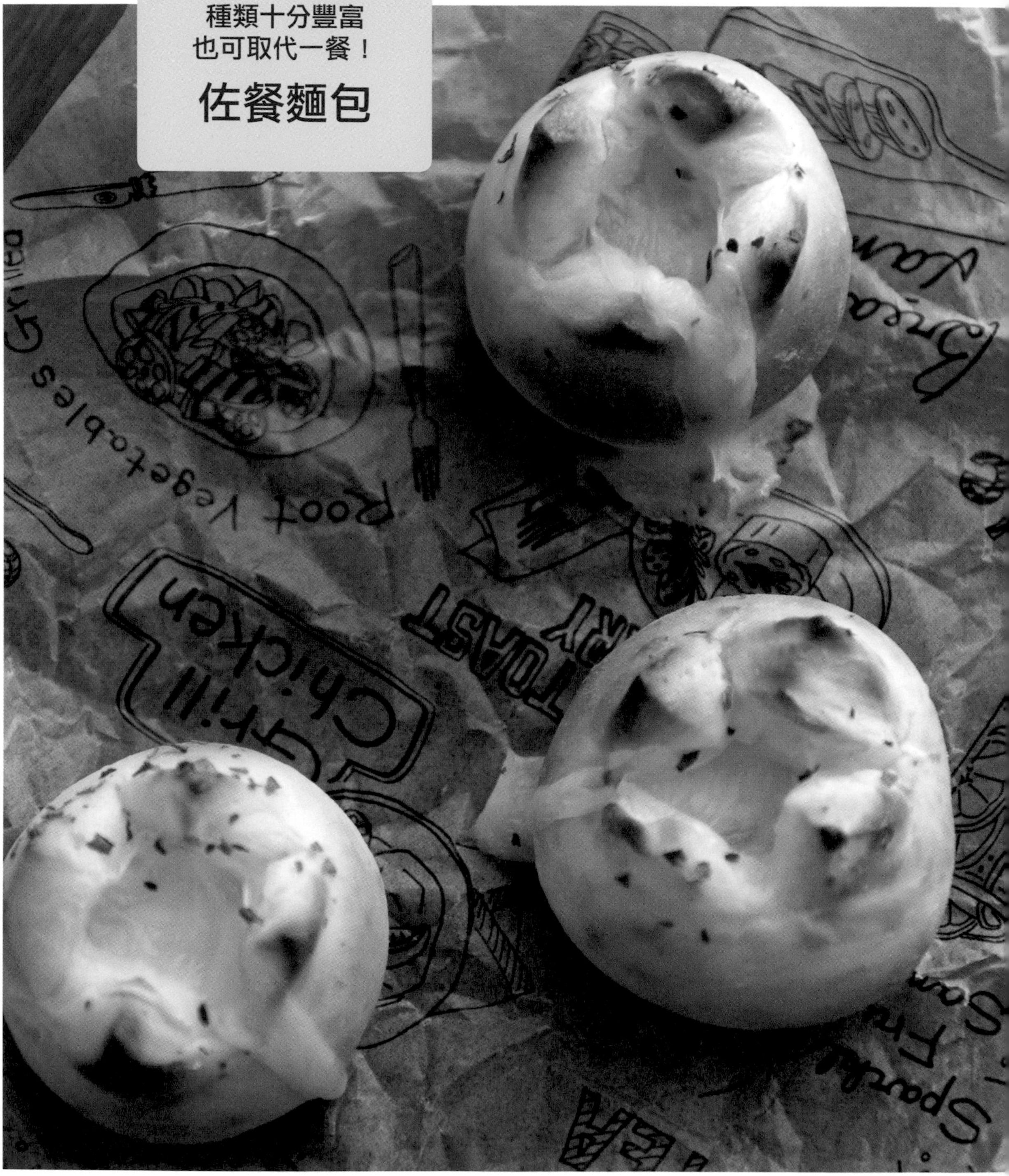

• stuffed bread 1

生火腿起司麵包

加了生火腿與馬茲瑞拉起司的的義式麵包，若搭配白酒或義大利麵也很時髦。如果沒有生火腿，可以用普通火腿來取代，烤出來也一樣很美味。

材料（分量8個）

基本款麵包麵團（p.13）…全量
生火腿、馬茲瑞拉起司…各8片
羅勒葉（乾燥）…適量

準備工作

☑ 融化麵包麵團用的奶油
☑ 在烤盤上鋪上烘焙紙
☑ 將馬茲瑞拉起司切成1cm厚

作法

① 製作基本款麵包的麵團。進行到步驟6（p.14、15）完成後，把麵團放在撒了手粉（高筋麵粉，適量）的揉麵板上，以擀麵棍延展成10×20cm，然後切割成8等分（請參照p.19，圖E）。

② 在麵團中央依序各放入一片折小的起司，以及一片生火腿，從四個角開始往中央包起來，將收口捏緊黏合。

③ 將麵團收口朝下放在烤盤上，以噴霧器噴濕後靜置10分鐘。同時將烤箱預熱220℃。

④ 用廚房剪刀在麵團正上方剪一個十字型，撒上乾燥的羅勒葉。放入烤箱以220℃烘烤10分鐘。

有美媽咪 *point*

包餡的時候請注意要將生火腿疊在起司上方。如果相反，從入刀的地方就會看不見起司了喔！

• stuffed bread 2

漢堡肉麵包

使用冷凍的迷你漢堡肉，製作起來超簡單。在漢堡下方
塗上美乃滋再烘烤，能除去酸味、打造出滑順濃郁的口
感，保證絕對好吃，請一定要嘗試用美乃滋來完成！

材料 （分量 8 個）

基本款麵包麵團（p.13）…全量
迷你漢堡肉（冷凍、市售）…8 個
美乃滋…8 大匙
番茄醬、乾燥荷蘭芹…適量

準備工作

☑ 融化麵包麵團用的奶油
☑ 在烤盤上鋪上烘焙紙

作法

① 製作基本款麵包的麵團。進行到步驟 6（p.14、
 15）完成後，把麵團放在撒了手粉（高筋麵粉，適
 量）的揉麵板上，以**擀麵棍**延展成 20×20cm，然
 後縱向切割成 8 等分（請參照 p.19，圖 E）。

② 將麵團輕輕翻滾滾成棒狀，然後捲成漩渦造型放在
 烤盤上（圖 a），以噴霧器噴濕後靜置 10 分鐘。同
 時將烤箱預熱至 220℃。

③ 在麵團中央各放上一大匙美乃滋，上方再放一塊迷
 你漢堡肉，輕輕按壓固定。最上方擠上一點點番茄
 醬，最後撒上乾燥荷蘭芹。

④ 放入烤箱以 220℃ 烘烤 10 分鐘。

a

將棒狀麵團捲成漩渦狀
後，末端要緊密黏合。

有美媽咪 *point*

在步驟 2 將麵團捲成漩渦狀
時,請留意不要捲得太緊,
這樣漢堡肉放在上面才會夠
穩固。

有美媽咪 *point*

説到可樂餅麵包，雖然比較常見的是夾心麵包款，但是像這樣包起來吃的造型，其實更方便大口享用喔！

• stuffed bread 3

可樂餅麵包

將市售的可樂餅包起來的可樂餅麵包，分量感十足！包的時候刻意將可樂餅的兩端各露出來一些，還可以品嚐到麵衣的酥脆感。請選擇自己喜愛的可樂餅來包吧！

材料（分量 8 個）

基本款麵包麵團（p.13）…全量
可樂餅（市售）… 8 個
蛋液、中濃醬（伍斯特醬）、乾燥荷蘭芹…各適量

準備工作

☑ 融化麵包麵團用的奶油
☑ 在烤盤上鋪上烘焙紙

作法

① 製作基本款麵包的麵團。進行到步驟 6（p.14、15）完成後，把麵團放在撒了手粉（高筋麵粉，適量）的揉麵板上，以擀麵棍延展成 20×24cm，然後切割成 5×12cm 的 8 等分（請參照 p.19，圖 E）。

② 在麵團中央放上可樂餅，將兩端拉長包起來，收口處要捏緊黏合。

③ 將麵團收口朝下放在烤盤上，以噴霧器噴濕後靜置 10 分鐘。同時將烤箱預熱至 220℃。

④ 在麵團表面用料理刷塗上蛋液，再淋上中濃醬。放入烤箱以 220℃ 烘烤 10 分鐘，出爐後再撒上乾燥荷蘭芹。

stuffed bread 4

洋蔥起司蒜味麵包

如同蛋糕般可以切成一片片來吃的造型，新鮮
感十足！由於麵團本身的成分很簡單，搭配中
間夾的混合起司以及上面撒的起司粉，雙重風
味，感覺超 match！

有美媽咪 *point*

十分搶眼的大型麵包，乍看
之下就像是一整個蛋糕。撒
上滿滿的乾燥荷蘭芹和起司
粉，看起來更加引人注目。

材料（直徑15cm大・分量1片）

基本款麵包麵團 （p.13）…全量
洋蔥…1/2 顆
綜合起司…60g
A ⌈ 美乃滋…3 大匙
  ⌊ 大蒜（管狀）…3cm 用量
B ⌈ 乾燥荷蘭芹、起司粉…各適量
蛋液…適量

準備工作

☑ 將洋蔥切成薄片，除去水氣
☑ 融化麵包麵團用的奶油

作法

① 製作基本款麵包的麵團。進行到步驟 6（p.14、15）完成後，把麵團
放在撒了手粉（高筋麵粉，適量）的揉麵板上，切割成兩等分，以
擀麵棍延展成直徑各 15cm 的圓形。

② 在其中一片麵皮的表面大範圍塗上混合均勻的材料 **A**，然後依序放上
切片的洋蔥，綜合起司（圖 a）。再將另一片麵皮從上方覆蓋下來，
用手按壓邊緣使其黏合（圖 b），完成後放在烤盤上，以噴霧器噴濕
後靜置 10 分鐘。同時將烤箱預至成 230℃。

③ 在麵團表面用料理刷塗上蛋液，接著撒上材料 **B**，放入烤箱以 230℃
烘烤 10 分鐘。

a

把洋蔥和混合起司堆
成像一座小山，但還是
要預留一點邊緣。

b

與另一片麵皮重疊時，
以雙手按壓住邊緣，讓
麵皮緊密黏合。

有美媽咪 *point*

在披薩上面擺放切成薄片的
烤豬肉也很美味喔！加了肉
類更能增加飽足感。

stuffed bread 5

蔥花味噌美乃滋和風披薩

用平底鍋來烤的和風米披薩,只需要放上材料步驟超簡單。米穀粉做的
麵團烤起來外酥內軟,能同時享受兩種不同的口感。

材料(直徑 25cm 大·分量 2 片)

米麵包麵團(p.31)…全量

A ┌ 美乃滋…5 大匙
  └ 味噌…1 大匙

B ┌ 洋蔥(切薄片)… 1/2 個
  └ 綜合起司… 80g

細蔥(切成蔥花)、切碎的海苔…各適量

準備工作

☑ 準備兩組平底鍋和鍋蓋

作法

① 製作米麵包的麵團。進行到步驟 4(p.31)完成後,把麵團放在撒了
手粉(片栗粉,適量)的揉麵板上,切割成兩等分,以擀麵棍延展
成直徑各 25cm 的圓形。

② 在兩個直徑 27cm 的平底鍋裡,各放入一片麵團,蓋上鍋蓋用中火
烤 3 分鐘。然後將麵團翻面,各塗上一半調好的材料 **A**,再各放上
一半分量的材料 **B**,蓋上鍋蓋用中火煎烤 3 分鐘。最後撒上蔥花和
切碎的海苔就完成了。

• stuffed bread 6

燉牛肉披薩餃

滑嫩的燉牛肉令人食指大動！穩居我們家三個男孩最愛的麵包 BEST 1。好處是吃的時候也不會弄髒手喔！

材料（分量 4 個）

披薩麵團（p.27）…全量
燉牛肉（市售）…1 袋（210g）
洋蔥（切成薄片）…1/4 顆
沙拉油…適量

準備工作

☑ 將燉牛肉整袋放入冰箱冷凍
☑ 準備兩組平底鍋和鍋蓋

作法

① 製作披薩麵團。進行到步驟 4（p.27）完成後，把麵團放在撒了手粉（高筋麵粉，適量）的揉麵板上，以擀麵棍延展成 20×20cm，然後切割成 4 等分（請參照 p.19，圖 B）。將每一塊的四個角各往中心點內折兩次，再搓揉成圓形。

② 將麵團用掌心壓平，延展成直徑 10cm 的圓形，各放上 1/4 分量的燉牛肉、和切成薄片的洋蔥，將麵皮對折（圖 a），邊緣要緊密黏合。

③ 在兩個直徑 27cm 的平底鍋裡塗上薄薄一層沙拉油，各放入兩個披薩餃以中火加熱，蓋上鍋蓋兩面各烤 3 分鐘。

a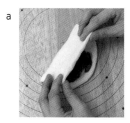

有美媽咪 *point*

我個人比較推薦已經串好的
香腸，會比較方便食用，不
過如果使用沒有串起來的長
香腸或魚肉香腸也很 OK 喔！

*stuffed bread 7

芥末香腸捲

在麵包店很常見的基本款配菜麵包。一旦沒有將麵團延展成同樣厚度來捲,烤的時候就會變成歪七扭八的形狀,使用這樣的塑形方式比較容易取得平衡,外觀看起來也很漂亮喔!

材料 (分量6支)

基本款麵包麵團 (p.13) …全量
香腸 (已串好、法蘭克福熱狗) …6支
顆粒芥末醬、番茄醬…各2大匙
蛋液…適量

準備工作

☑ 融化麵包麵團用的奶油
☑ 在烤盤上鋪上烘焙紙

作法

① 製作基本款麵包的麵團。進行到步驟6 (p.14、15) 完成後,把麵團放在撒了手粉 (高筋麵粉,適量) 的揉麵板上,以擀麵棍延展成20×30cm,再切割成10×10cm的6等分 (請參照p.19,圖D)。

② 在麵團上方保留2cm,縱向切入4條。剩餘的部分各塗上一小匙的顆粒芥末醬和番茄醬,再放上一支香腸 (圖a),從上方往自己面前捲進來 (圖b)。捲完要將收口處捏緊黏合。

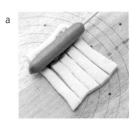

a

③ 將塑形完成的麵團收口朝下放在烤盤上,以噴霧器噴濕後靜置10分鐘。同時將烤箱預熱成220℃。

b

④ 在麵團表面用料理刷塗上蛋液,放入烤箱以220℃烘烤10分鐘。

stuffed bread 8

焗烤蟹肉風味麵包

要將白醬包起來是很困難的，如果放在上面烘烤就絕對 OK。像這樣使用熱狗堡的造型，讓起司和白醬可以溢流出來，起司就會變得酥脆可口！

材料（分量 8 個）

披薩麵團（p.27）…全量
白醬罐頭…1 罐（250g）
蟹肉棒…1 包（80g）
綜合起司…30g
荷蘭芹（切碎，也可省略）…適量

準備工作

☑ 在烤盤上鋪上烘焙紙

作法

① 製作披薩麵包的麵團。進行到步驟 4（p.27）完成後，把麵團放在撒了手粉（高筋麵粉，適量）的揉麵板上，以擀麵棍延展成 20×20cm，然後縱向切割成 8 等分（請參照 p.19，圖 A）。

② 把麵團輕輕翻轉滾成棒狀，然後對折彎曲成熱狗堡的造型，再將兩端的連接處捏緊黏合（圖 a）。完成後放置在烤盤上，以噴霧器噴濕後靜置 10 分鐘。同時將烤箱預熱至 220℃。

③ 在麵團凹陷的部分依序放入白醬、蟹肉棒、綜合起司，各使用 1/8 的分量。

④ 放入烤箱以 220℃烘烤 10 分鐘，如果有切碎的荷蘭芹最後可以撒上裝飾。

a
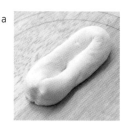

在將棒狀麵團對折所形成的凹陷部分，放入白醬等其他的配料。

有美媽咪 *point*

超簡單的熱狗堡造型魅力十足。也可以做成像漢堡肉麵包（p.110）一樣的漩渦狀造型。

123

• *stuffed bread 9*

大阪燒麵包

不需要塑形，就像圓圓披薩一般的大阪燒麵包。因為分量感十足，也可以用來取代午餐！高麗菜最好選擇內側較嫩的葉片。紅薑可依個人喜好來添加。

材料（分量 6 支）

基本款麵包麵團（p.13）…全量
竹輪…2 條
高麗菜…1/8 個
沙拉油…1 大匙
大阪燒醬…2 大匙
紅薑、美乃滋、綠海苔…各適量

準備工作

☑ 把竹輪切成 2mm 厚度的圓片
☑ 將高麗菜切絲，混入沙拉油
☑ 把紅薑切碎除去水分
☑ 融化麵包麵團用的奶油
☑ 在烤盤上鋪上烘焙紙

作法

① 製作基本款麵包的麵團。進行到步驟 6（p.14、15）完成後，把麵團放在撒了手粉（高筋麵粉，適量）的揉麵板上，以擀麵棍延展成直徑 25cm 的圓形。

② 將麵團放在烤盤上，表面大範圍塗上大阪燒醬。然後鋪上滿滿的竹輪片、高麗菜絲和紅薑絲，靜置 10 分鐘（不需要使用噴霧器）。同時將烤箱預熱至 220℃。

③ 在麵團表面擠上美乃滋，放入烤箱以 220℃ 烘烤 10 分鐘，等出爐後再撒上綠海苔，切成方便享用的大小。

有美媽咪 *point*

高麗菜可以使用刨刀等工具來削成絲，盡可能越細越好，這樣即使經過短時間烘烤也能維持軟嫩的口感。

綜合營養麵包

肉丸子可以用迷你漢堡肉來取代,或是放上微波加熱過的馬鈴薯也OK。也很適合作為孩子們的早餐麵包。

材料（分量 6 個）

基本款麵包麵團（p.13）…全量
肉丸子（市售）…12 粒
花椰菜…1/2 顆
小番茄、鵪鶉蛋…各 6 個
玉米粒（罐頭）…40g
蛋液…適量

準備工作

☑ 將花椰菜切成小朵水煮
☑ 小番茄去蒂
☑ 把鵪鶉蛋做成荷包蛋
☑ 將玉米粒除去水分
☑ 融化麵包麵團用的奶油
☑ 在烤盤上鋪上烘焙紙

作法

① 製作基本款麵包的麵團。進行到步驟 6（p.14、15）完成後,把麵團放在撒了手粉（高筋麵粉,適量）的揉麵板上,以擀麵棍延展成 14×21cm,然後切割成 7×7cm 的 6 等分（請參照 p.19 圖 D）。

② 將麵團用掌心壓平,延展成直徑 8cm 的圓形。在表面放上兩粒肉丸子、一顆小番茄、一個鵪鶉蛋煎的荷包蛋、花椰菜和玉米粒,各使用 1/6 的分量。

③ 將麵團收口朝下放在烤盤上,以噴霧器噴濕後靜置 10 分鐘。同時將烤箱預熱至 220℃。

④ 在麵團表面沒有放上配料的地方用料理刷塗上蛋液,放入烤箱以 220℃烘烤 10 分鐘。

有美媽咪 *point*

荷包蛋的黃、小番茄的紅、花椰菜的綠讓色彩更鮮豔繽紛。可視整體的比例來調整食材的色系。

生活樹系列 063

15 秒微波發酵免揉麵包

ゆーママの 30 分でこねずにできる魔法のパン

作　　　者	松本有美
譯　　　者	葉明明
總 編 輯	何玉美
主　　　編	紀欣怡
封 面 設 計	萬亞雰
內 文 排 版	許貴華

出 版 發 行	采實文化事業股份有限公司
行 銷 企 劃	陳佩宜・黃于庭・馮羿勳
業 務 發 行	盧金城・張世明・林踏欣・林坤蓉・王貞玉
會 計 行 政	王雅蕙・李韶婉
法 律 顧 問	第一國際法律事務所　余淑杏律師
電 子 信 箱	acme@acmebook.com.tw
采 實 官 網	http://www.acmebook.com.tw
采 實 粉 絲 團	http://www.facebook.com/acmebook

Ｉ Ｓ Ｂ Ｎ	978-957-8950-47-4
定　　　價	320 元
初 版 一 刷	2018 年 9 月
劃 撥 帳 號	50148859
劃 撥 戶 名	采實文化事業股份有限公司
	104 台北市中山區建國北路二段 92 號 9 樓
	電話：(02)2518-5198
	傳真：(02)2518-2098

國家圖書館出版品預行編目資料

15 秒微波發酵免揉麵包 / 松本有美作；葉明
明譯 . -- 初版 . -- 臺北市：采實文化，2018.09
　面；　　公分 . -- (生活樹系列；63)
譯自：ゆーママの 30 分でこねずにできる
魔法のパン
ISBN 978-957-8950-47-4(平裝)

1. 點心食譜 2. 麵包

427.16　　　　　　　　　　　　　107009860

ゆーママの 30 分でこねずにできる魔法のパン
YUU MAMA NO 30PUN DE KONEZUNI DEKIRU MAHO NO PAN
Copyright ©Yumi Matsumoto 2017
All rights reserved.
Originally published in Japan FUSOSHA Publishing Inc. ，
Chinese (in traditional character only) translation rights arranged with
FUSOSHA Publishing Inc. ，through CREEK & RIVER Co., Ltd.